D11187494

LE WHISKY

le guide du connaisseur

Helen Arthur

LE WHISKY

le guide du connaisseur

Helen Arthur

MODUS VIVENDI

Paru sous le titre original de:
The Single Malt Whisky Companion

Publié par:
LES PUBLICATIONS MODUS VIVENDI INC.
3859, autoroute des Laurentides
Laval (Québec)
Canada H7L 3H7

Traduction: Nicolas Blot
Design de la couverture: Marc Alain

Dépôt légal, 4e trimestre 2002
Bibliothèque nationale du Québec
ISBN : 2-89523-121-4

Sommaire

Avant-propos

Enfin, quelqu'un prend la peine de dissiper le mythe qui voudrait que le monde du whisky soit « un monde d'hommes ». Les auteurs féminins sont nombreux à s'intéresser au whisky, à en faire le sujet d'articles de presse ; mais à ma connaissance, le présent guide est le premier ouvrage approfondi sur ce thème qui ait été rédigé par une femme – ceci ne fait qu'en renforcer l'attrait.

Vous trouverez ce guide fort utile, et ne manquerez pas de l'avoir à portée de main quand viendra le moment de savourer votre whisky favori ou d'essayer une nouvelle marque, seul, en famille ou entre amis. Vous ne serez peut-être pas toujours d'accord avec les notes de dégustation et les commentaires d'Helen Arthur. Il nous arrive, à Helen et à moi, d'avoir des différences d'appréciation, ce qui nous incite immanquablement à procéder à une séance de dégustation supplémentaire ! Il est fort heureux que des opinions variées puissent s'exprimer, dans le domaine du whisky comme dans tant d'autres. Les nuances de jugement qui nous prémunissent de l'instauration de goûts uniformes font partie intégrante de la richesse et de la subtilité du whisky.

Il ne sera jamais possible de déterminer avec précision ce qui donne au whisky son caractère, bien que de multiples théories aient été avancées (qui s'appuient sur la taille ou la forme des alambics, ou sur la localisation géographique de la distillerie, par exemple). Ce que nous savons, néanmoins, c'est que tout whisky offre des plaisirs contrastés, et qu'il revient à chaque amateur de se forger son opinion sur le sujet.

Avec ce livre, Helen Arthur vous donne les bases qui vous permettront de découvrir un monde insoupçonné d'expériences sensorielles. Elle espère que vous reconnaîtrez toute la valeur des traditions et des compétences mises en œuvre dans l'élaboration du whisky, mais aussi un peu de la magie qui l'entoure. Quant à moi, je vous demande d'avoir à l'esprit le fait que depuis des générations, des hommes ont choisi de mettre tout leur talent et toute leur passion dans la production d'un noble breuvage.

Wallace Milroy, 1997

Introduction

Le mot whisky fait naître des images de liquides couleur d'ambre, aux saveurs et aux arômes variés. Ajoutez le mot «scotch» à celui de whisky, et d'autres images viennent à l'esprit. Le liquide ambré y gagne un héritage, une généalogie, une vie propre. Se bousculent alors des visions de tourbières, de collines tapissées de bruyères, de torrents fougueux et limpides, de cornemuses et de kilts, de trophées de chasse et de murs lambrissés, de feu crépitant dans l'âtre, de carafes et de verre en cristal…

Ce livre se veut une introduction au monde du whisky *single malt*, terme qui désigne un whisky élaboré exclusivement à partir d'orge maltée et provenant d'une seule distillerie. L'Écosse compte plus d'une centaine de distilleries de whisky, aussi cet ouvrage se consacrera-t-il en priorité à ces établissements. Nombre des excellents whiskies de malt distillés en ces lieux ne sont pas destinés à être commercialisés sous une marque donnée ; ils entrent dans la composition de mélanges, de *blends* aussi connus que The Famous Grouse, Teacher's ou Bell's. Pour le plaisir des connaisseurs du monde entier, cependant, un certain nombre sont mis en bouteilles et vendus en tant que *single malts.*

La partie principale du présent ouvrage dresse la liste des whiskies pur malt que l'on peut se procurer sans trop de difficulté, qu'ils soient mis en bouteilles par les distilleries ou par des spécialistes. Sont également évoquées des raretés telles que des whiskies élaborés par des distilleries qui ont cessé toute production, par exemple, ou qui ne font pas l'objet d'une commercialisation régulière. Outre les *single malts* écossais, cette partie du livre présente quelques produits de qualité en provenance d'Irlande et du Japon.

La production de *Scotch whisky*

La production de *Scotch whisky* (fabrication et mise en bouteilles effectuées uniquement en Écosse) s'est élevée en 1995 à environ 14 millions de bouteilles de 70 cl, en nette augmentation par rapport à l'année précédente. Les ventes de *single malt* constituent un vingtième de ce total. Les exportations, qui concernent 85 % de la production, ont représenté des milliards de dollars de recettes en 1995 (avec une importante proportion de *single malts*, «tirages limités» et autres «mises en bouteille spéciales»).

WHISKY OU WHISKEY ?

En règle générale, le « whisky » est élaboré en Écosse, et le « whiskey » en Irlande ou aux États-Unis. La confusion s'installe quand on sait que les whiskies sont commercialisés au Japon et au Canada le plus souvent sous l'étiquette « whisky ».

Le whisky de malt *(malt whisky)* est élaboré à partir d'orge maltée seulement. Le whisky de grain *(grain whisky)* et le whiskey irlandais ou américain sont produits à partir de céréales diverses (dont le seigle, le blé et le maïs).

REMERCIEMENTS

Je souhaite exprimer ma gratitude envers tous ceux qui m'ont aidée dans la réalisation de ce guide, ont accepté de partager leur savoir et ont fait preuve d'un grand sens de l'hospitalité. Visites de distilleries, archives passionnantes, discussions éclairantes et aussi – et surtout – dégustations d'excellents *single malts*! Merci à tous.

Ce livre n'aurait pu voir le jour sans de nombreux soutiens. Merci tout d'abord à Anna Briffa, mon éditrice, pour sa patience et ses conseils. Je voudrais remercier tout particulièrement James McEwan (Morrison Bowmore Distillers) de son appui et de son hospitalité, ainsi qu'Alan Rutherford (United Distillers) de sa compétence et de son amitié. Merci à tous ceux avec qui j'ai travaillé au fil des ans dans le monde du whisky, et parmi eux à Matthew Gloag (Matthew Gloag & Sons Ltd), Islay Campbell (distillery manager, Bowmore), Iain Henderson (Laphroaig), Mike Nicholson (Caol Ila), Alistair Skakles (Royal Lochnagar), Bill Bergius (Allied Distillers), Ian Urquhart (Gordon & MacPhail), Campbell Evans (Scotch Whisky Association) et Caroline Dewar. Un grand merci également à Wallace Milroy (la plume la plus réputée dans le domaine du whisky) et à son frère John, qui ont toujours été présents quand j'ai eu besoin d'eux. Je n'oublie pas mon équipe de goûteurs, qui m'ont aidée à savourer les *single malts* dans toute leur diversité : Graham Cook, Sue Holmes, Charles Richardson-Bryant, Danny West et Tony Vigne.

J'espère que la lecture de ce livre vous apportera des connaissances nouvelles, tout en vous faisant prendre conscience de la valeur des traditions et du savoir-faire qui entrent dans l'élaboration du whisky, et de la magie qui l'entoure – magie sans laquelle il n'y aurait pas de whisky *single malt.*

Helen Arthur
Putley, Herefordshire, 1997

Le whisky
single malt
Aperçu historique

Le whisky

Un élément du patrimoine écossais

La première référence à la fabrication de ce que nous connaissons sous le nom de « Scotch whisky » (ou plus simplement, « scotch ») remonte à l'an 1494 : un document de cette époque mentionne l'achat par un moine du nom de frère John Cor, de l'abbaye de Lindores, près de Newburgh dans le comté de Fife, de huit *bolts* de malt, de quoi produire trente-cinq caisses de whisky.

Les paysans écossais, que la loi autorisait à produire du whisky, moissonnaient en été l'orge qui servait à nourrir le bétail en hiver. Les surplus servaient à élaborer un breuvage destiné à lutter contre le froid hivernal !

Au lendemain de la guerre civile qui fit rage en Angleterre en 1643, le gouvernement puritain augmenta les taxes frappant aussi bien les importations de spiritueux en provenance des Pays-Bas que les boissons alcooliques de production locale. L'Écosse, qui n'était pas alors dans le giron anglais, ne fut pas concernée par cet alourdissement de la fiscalité. Toutefois, l'essor de la production de whisky incita le Parlement écossais à promulguer dès 1644 une loi qui imposait une taxation spécifique des spiritueux. La perception de ces taxes allait poser quelques problèmes, notamment parce que nombre des distilleries étaient situées dans des lieux reculés et presque inaccessibles. Après l'Acte d'Union de 1707, la législation anglaise s'appliqua à l'Écosse. De nouvelles tentatives furent alors effectuées pour contrôler la distillation du whisky. Les dispositions législatives se multiplièrent à un point tel que la confusion s'installa (diverses distilleries étaient frappées d'imposition selon des taux différents). Les employés de l'*excise* étaient obligés de se faire accompagner de « tuniques rouges » ; ces soldats anglais leur apportaient une certaine protection dans la tâche fort dangereuse qui consistait à collecter l'impôt – plusieurs *excisemen* périrent de mort violente à cette époque. Les Écossais se livrèrent avec délices à un sport nouveau, qui consistait à duper et ridiculiser les « tuniques rouges » ; cette lutte teintée de ruse et d'héroïsme fait partie intégrante de l'histoire de maintes distilleries. Ainsi, les distilleries étaient fréquemment de toute petite taille, ce qui permettait de démonter et déménager facilement un alambic illégal, de ce fait difficilement détectable. Un *still* clandestin de ce genre comprenait une cuve en métal dans laquelle on faisait bouillir l'orge, la levure et l'eau, un petit tuyau refroidi par eau qui recueillait la vapeur, et une barrique pour l'alcool brut.

En 1823, une nouvelle loi autorisa la distillation sous conditions (paiement d'une licence, production supérieure à 160 litres environ par an). À partir de 1840, toute bouteille vendue par une distillerie fut frappée d'une taxe (cette disposition est encore en vigueur pour les bouteilles vendues au Royaume-Uni).

Si les distilleries pouvaient se cacher, il n'était pas si facile de dissimuler les stocks de whisky. De nombreux récits font état de la manière dont de précieuses réserves furent sauvées de la destruction ou de la confiscation. En 1798, Magnus Eunson distillait du whisky à Highland Park, dans les Orcades. Pasteur aussi bien que contrebandier notoire, il avait pour habitude de dissimuler des fûts de whisky dans son église. Ayant appris que les *excisemen* étaient dans le secteur, Eunson fit mettre le whisky chez lui, sous un linge blanc. Tandis que l'église était fouillée de fond en comble, Eunson et ses acolytes placèrent un couvercle de cercueil sous le drap et entreprirent de célébrer un office funèbre. L'un des hommes présents chuchota que la variole venait de faire une victime de plus ; ce fut suffisant pour faire fuir les importuns.

À cette époque, le whisky n'était pas la boisson favorite des classes supérieures de la société écossaise (ou anglaise), qui lui préféraient nettement le cognac et les vins fins venus de France.

Un alambic clandestin à Royal Lochnagar.

Toit de pagode et grilles en fer forgé : Highland Park, dans les Orcades.

Cet état de fait allait changer avec la mise en place d'un système de redevance simplifié, s'appliquant à la distillation du whisky en Écosse et en Irlande. La première modification intervint en 1823. Le retour à la légalité de la production du whisky eut pour conséquence la construction de distilleries permanentes, ce qui entraîna une amélioration de la qualité du produit fini. La première distillerie à obtenir une licence fut The Glenlivet en 1824, suivie de près par Cardhu, The Glendronach, Old Fettercairn et The Macallan, parmi d'autres. Les premières distilleries «commerciales» dont l'existence soit attestée s'établirent à la fin du XVIIIe siècle – parmi elles, mentionnons Bowmore (1779), Highland Park (1795), Lagavulin (1784), Littlemill (1772) et Tobermory (1795).

En 1863, les vignobles français subirent les premiers effets d'une grave atteinte de phylloxera. En une quinzaine d'années, la majeure partie des vignes d'Europe durent être arrachées. La production de vin, et partant, celle de cognac, cessa. Les amateurs de spiritueux durent donc tourner ailleurs leurs regards, qui en Grande-Bretagne se portèrent sur la production locale. Adrian Usher, fort d'expériences réalisées à Édimbourg en matière de mélanges de whiskies de malt et de grain, créa un *blend* plus léger, plus aisément acceptable par tous. De nombreuses distilleries virent le jour à cette époque, dont Benriach (en 1898), The Balvenie (en 1892) et Dufftown (en 1896).

La croissance des ventes de whisky allait toutefois s'interrompre en 1898, après la faillite d'un établissement de renom spécialisé dans l'élaboration de whiskies *blended*, Pattisons. Les frères Pattison furent condamnés à des peines de prison, et la banqueroute de leur compagnie eut de graves répercussions sur toute l'industrie du whisky. La sous-capitalisation, des dépenses excessives et l'assombrissement général de la conjoncture économique eurent raison de maintes distilleries.

Dans un climat de concurrence exacerbée, les whiskies «pur malt» eurent toutes les peines du monde à trouver leur marché. Il allait falloir attendre 1963 pour voir se dessiner un intérêt spécifique pour les *single malts* – jusqu'alors, les *malts* entraient dans la composition de mélanges destinés à pourvoir à la demande dont faisaient l'objet les *blends*. Plusieurs sociétés, dont William Grant & Sons (qui investit des fonds considérables dans la promotion de The Glenfiddich), se lancèrent dans une vigoureuse politique de commercialisation de *single malts*.

Les économies d'échelle, le plein emploi et les coûts de marketing firent que maintes distilleries ne purent envisager d'assurer seules leur survie. L'essor de grands groupes tels que United Distillers permit néanmoins à nombre de ces établissements de continuer à produire du whisky. Le renouveau d'intérêt que suscite depuis quelques années le whisky de malt a depuis lors éveillé des vocations d'entrepreneur, si bien que quelques distilleries ont désormais retrouvé leur indépendance.

La distillerie The Balvenie, vers 1880.

Vocabulaire du whisky

Le mot *whisky* proviendrait du gaélique *uisge beatha* (eau-de-vie). La distillation du whisky en Écosse est actuellement aux mains de grandes sociétés, ce qui l'éloigne apparemment de ses origines rurales, mais il faut savoir que de nombreuses distilleries sont encore petites et situées dans les campagnes. Comme par le passé, ces distilleries jouent toujours un rôle important dans la vie locale – elles représentent souvent la principale source d'emplois dans les villages ruraux.

Pour prétendre au nom de *whisky*, l'alcool doit être produit avec de l'eau et des céréales, distillé selon un degré alcoolique inférieur à 94,8 %, vieilli pendant au moins trois ans dans des fûts dont la capacité ne dépasse pas 700 litres, et en entrepôt sous la surveillance des jaugeurs de la Régie.

Pour qu'un whisky ait droit au titre de *Scotch*, il doit être distillé, vieilli et mis en bouteille en Écosse uniquement.

Un whisky *single malt* est distillé dans une seule distillerie, et élaboré uniquement à partir d'orge maltée. À l'embouteillage, un *single malt* peut comprendre du whisky issu de plusieurs années de production de la même distillerie. L'âge indiqué traduit la durée de maturation en fût du whisky le plus jeune contenu dans la bouteille.

Un *vatted malt* est issu du mariage de divers whiskies de malt, provenant de plusieurs distilleries. Les *vatted malts* reflètent souvent les qualités des distilleries d'une région donnée (par exemple, « Pride of the Lowlands », « fierté des Basses-Terres »), et sont étiquetés en tant que « Pure Malt » ou « Scotch Malt Whisky ». Ils ne peuvent être qualifiés de *single malts.*

Un *grain whisky* (whisky de grain) est produit selon un procédé de distillation continue, à partir d'une bouillie d'orge maltée et d'autres céréales, le tout cuit sous pression à la vapeur ; l'alcool qui en résulte est plus fort en alcool et vieillit plus rapidement qu'un whisky de malt.

Les whiskies *single grain*, issus de la distillation d'un seul type de céréale, sont commercialisés par plusieurs sociétés dont Whyte & Mackay (Invergordon) et United Distillers (Cameron Brig). L'âge indiqué reflète la durée de maturation en fût du plus jeune des whiskies de la bouteille.

Le *blended whisky* représente 95 % des ventes de *Scotch whisky*. Un *blended* est un assemblage de whiskies de malt et de grain.

Les whiskies *blended* (ou *blends*) sont tout désignés pour s'initier à la consommation de whisky ; on peut les déguster secs, « on the rocks » (avec des glaçons), avec de l'eau, de la limonade ou du *ginger ale* (une boisson gazeuse au gingembre) ; ils entrent aussi dans la composition de cocktails tels que le Bobbie Burns (avec de la Bénédictine) ou le Rusty Nail (avec du Drambuie). Additionné d'eau chaude et de jus de citron, de miel ou de sucre et de clous de girofle, le whisky devient un « toddy », sorte de grog écossais très efficace pour combattre les refroidissements !

Les *blends* « de luxe », qui contiennent un pourcentage élevé de whiskies de malt, arborent fréquemment leur âge sur l'étiquette (comme pour les *single malts*, cet âge est celui du whisky le plus jeune de l'assemblage) ; dans cette catégorie entrent des produits tels que le Johnny Walker Black Label (12 ans d'âge), le J&B Reserve (15 ans), le Dimple (15 ans) et The Famous Grouse Gold Reserve (12 ans).

Le degré d'alcool

Au Royaume-Uni et dans le reste de l'Europe, la teneur en alcool se mesure aujourd'hui en pourcentage du volume total à 20 °C. Aux États-Unis, elle est encore exprimée en degrés (par exemple, un titrage de 100° correspond à 50 % volumétrique, 80° à 40 %). Pour mettre en œuvre ce système de « preuve », on approchait autrefois une allumette d'un mélange de spiritueux et de poudre à canon. Si ce mélange s'enflammait, le whisky était jugé suffisamment fort, et donc « éprouvé » (il n'y avait pas d'éclair si le whisky était trop faible en alcool). En 1740, un certain Mr. Clark inventa un hydromètre qui fut employé pour évaluer la force du whisky. Une version améliorée par Bartholomew Sikes fit son apparition en 1818, qui allait être utilisée jusqu'en 1980. Le Royaume-Uni adopta alors la méthode européenne (force alcoolique exprimée en pourcentage du volume total).

Les whiskies *cask strength* (« bruts de barrique ») sont vendus à 68,5 % d'alcool.

Les whiskies en bouteille ont généralement une teneur en alcool de 40 % pour le marché intérieur, ou 43 % pour l'exportation.

La distillation

Le whisky de malt résulte de l'association de trois éléments : eau, orge maltée et levure. La simplicité apparente de cette recette est démentie par la complexité de breuvages composés de mille couleurs, arômes et saveurs, produits par différentes distilleries dans diverses régions d'Écosse.

À l'origine de tout bon *single malt* est une source d'eau pure et limpide. En dévalant les collines d'Écosse, en traversant les tourbières pour aboutir à la distillerie, cette eau se charge de souvenirs de sa région natale et de son voyage – tourbe,

Les bâtiments en forme de pagode de la distillerie de Glenturret.

La bonne eau limpide de l'île d'Islay alimente la distillerie de Bowmore.

bruyère et granite. Avant d'être prêt pour la commercialisation, le whisky a besoin aussi de la chaleur des feux de tourbe, de la compétence des hommes et des femmes qui œuvrent dans la distillerie, de la magie des alambics de cuivre, d'une maturation en fûts de chêne et d'une bonne ventilation.

Demandez à n'importe quel *distillery manager* ce qui rend son whisky de malt différent de celui du voisin et il vous fournira de multiples raisons : l'eau, la qualité d'orge, la durée de trempage de cette orge dans l'eau, la durée de séchage de l'orge, l'emploi ou non de tourbe dans ce processus de séchage, la qualité de tourbe employée, le temps de fermentation, la forme et la taille des alambics, la vitesse à laquelle est recueilli l'alcool brut, la taille du fût utilisé, le type de fût, l'atmosphère qui règne dans l'entrepôt... D'autres explications plus ésotériques sont souvent avancées, telles que l'humidité du climat écossais, la façon dont souffle le vent, ou simplement la magie de l'alambic et du fût. Il est sans doute juste de dire que nul ne possède véritablement la réponse. La description du processus de production qui figure ci-après explicite la terminologie qui s'y rattache et met en lumière certains de ces impondérables.

LE MALTAGE DE L'ORGE

Toutes les distilleries disposent de leurs propres sources d'approvisionnement en orge, et œuvrent en liaison étroite avec les agriculteurs et les agronomes pour s'assurer que leurs céréales remplissent les critères de qualité voulus.

Pour malter l'orge, on la plonge pendant deux ou trois jours dans de l'eau, afin de provoquer sa germination. Dans une distillerie traditionnelle, l'orge mouillée est étalée à la main sur une aire de maltage, où elle reste environ sept jours. Au cours de cette période, on la retourne plusieurs fois pour que la température se maintienne au niveau requis et que la germination s'effectue de façon homogène. Dans certaines distilleries, on se sert encore de la traditionnelle pelle en bois *(shiel)* pour retourner l'orge. Seule une poignée d'établissements – parmi lesquels Bowmore et Laphroaig à Islay, Springbank à Campbeltown et Highland Park dans les Orcades – continuent d'assurer eux-mêmes le maltage de leur orge. La majorité des distilleries achètent l'orge maltée auprès de malteries, où le grain est retourné selon des procédés mécaniques dans de grands caissons rectangulaires ou dans des cuves cylindriques. Le responsable de la distillerie détermine ensuite le laps de temps précis qui doit être dévolu à chaque phase du processus de maltage.

Maltage traditionnel : l'orge est retournée à la main.

Une fois que le degré de germination voulu est atteint, les enzymes naturels de l'orge produisent de l'amidon soluble qui se transformera en sucre lors du brassage *(mashing)*. On interrompt la germination en séchant l'orge, soit au-dessus d'un feu de tourbe, soit à l'aide d'air tiède. À la distillerie de Bowmore, par exemple, les 15 à 18 premières heures du séchage se déroulent au-dessus d'un feu de tourbe (ladite tourbe, qui provient des tourbières de la société, a préalablement été mise à sécher au vent). En séchant, l'orge absorbe les phénols de la tourbe, ce qui

Récolte de la tourbe à Islay.

confère au Bowmore son arôme caractéristique de tourbe. L'orge est ensuite séchée de 48 à 55 heures à l'air tiède.

À travers toute l'Écosse, des distilleries emploient de l'orge séchée sur feu de tourbe, mais de nombreux établissements des régions du Speyside et des Lowlands produisent des whiskies *single malt* sans notes tourbées. Si la tourbe est très présente dans certains whiskies d'Islay, c'est qu'elle constituait autrefois l'unique combustible, alors que dans les régions de Campbeltown et du Speyside la houille était aisément disponible. Les feux de tourbe des différentes régions d'Écosse produisent des phénols variés. À Islay, par exemple, la tourbe se compose principalement de bruyère, de mousses et d'herbes décomposées, alors qu'en Écosse même elle provient de la décomposition d'anciennes forêts.

Un four à tourbe (kiln) *traditionnel.*

LE BRASSAGE

L'eau bouillante est versée dans la cuve de brassage (mash tun).

Après une période de repos, le malt séché est moulu en une sorte de farine *(grist)*, qui est placée dans une cuve munie de pales tournantes, le *mash tun* (cuve-matière) ; on ajoute alors de l'eau bouillante. Chaque distillerie veille avec un soin jaloux à la qualité de son eau, qui contribue à la saveur et à l'arôme particuliers de tout whisky de malt. Les *mash tuns*, de taille et de forme variables, sont d'ordinaire en cuivre et pourvus d'un couvercle. L'eau bouillante dissout la farine et libère les sucres de l'orge. Le moût qui résulte du brassage, le *wort*, s'écoule par la base perforée du *mash tun* ; il refroidit et passe dans des cuves de fermentation, les *washbacks*. Les résidus solides (appelés *draff* en Écosse) sont utilisés pour nourrir le bétail.

Préparation du moût (wort) *dans la cuve de brassage.*

LA FERMENTATION

On ajoute de la levure au moût liquide, dont la température a été ramenée à quelque 70° dans les grands *washbacks* en bois. La levure se met immédiatement à fermenter ; le mélange émet du gaz carbonique et mousse abondamment. Les distillateurs de malt écossais se servent de *washbacks* dont le couvercle comprend une pale rotative qui empêche la mousse de déborder. La fermentation a pour effet de transformer les sucres en alcool. En 48 heures, on obtient une bière de malt, tiède et sucrée, titrant environ 7,5 % d'alcool.

Les cuves de fermentation (washbacks) *de Highland Park.*

LA DISTILLATION

Le coffre à alcool (spirit safe).

Le moût fermenté, ou *wash*, est acheminé dans la salle des alambics, le laboratoire de distillerie *(still room)*. Selon la tradition, les alambics *(stills)* destinés à la production de whisky de malt écossais sont en cuivre et fabriqués à la main. La taille et la forme de l'alambic, ainsi que le talent du distillateur *(stillman)*, contribuent à la qualité du produit fini. Seule une petite partie de chaque distillat est employée dans l'élaboration du whisky de malt. En règle générale, un tel whisky résulte de deux distillations, mais certaines distilleries des Lowlands et d'Irlande procèdent à trois distillations.

Le premier et le plus gros des alambics est le *wash still*, où l'on fait bouillir le *wash*. Le point d'ébullition de l'alcool étant inférieur à celui de l'eau, c'est bien la vapeur d'alcool qui s'élève la première dans le col de l'alambic ; cette vapeur se condense dans un serpentin qui passe dans un bac réfrigérant. L'angle de la conduite *(lyne arm)* qui relie l'alambic au condenseur influe sur la qualité et la rapidité de la condensation. Le liquide issu du condenseur *(low wines)* est recueilli dans le *spirit still* pour être redistillé, via le coffre à alcool *(spirit safe)*.

C'est à ce stade que commence l'intervention des autorités des douanes et de l'*excise* britanniques. Tous les spiritueux étant soumis à des taxes au Royaume-Uni,

Un pot still *(détail).*

la production est sévèrement contrôlée ; le *spirit safe* est verrouillé par un représentant de l'administration des Customs and Excise, qui fait procéder à des mesures de la quantité d'alcool produite. Le *spirit safe* contient plusieurs récipients de verre dans lesquels l'alcool peut être dirigé par le *stillman*. Les *low wines*, qui contiennent environ 30 % d'alcool, doivent être de nouveau distillés dans un *spirit still*, car ils ne sont pas consommables en l'état. Les *spirit stills* sont généralement plus petits que les *wash stills*. La deuxième distillation, qui donne l'alcool pur, répond à des procédures très soigneusement orchestrées.

Le *stillman* commence par tester l'alcool dès que les vapeurs se condensent et passent dans le *spirit safe*. Les « têtes » *(foreshots)* vont être acheminées vers une cuve à l'arrière du laboratoire ; ce premier liquide étant encore impur, il se trouble au contact de l'eau ; le distillateur peut donc juger l'alcool du coffre à alcool *(spirit safe)* en l'additionnant d'eau à intervalles réguliers et en vérifiant sa densité.

Dès que l'alcool s'éclaircit, le distillateur actionne les robinets situés à l'extérieur du *spirit safe* et dirige l'alcool vers un récipient désigné sous le nom de *spirits receiver*. On réduit alors l'allure de la distillation pour garantir la clarté et la pureté de l'alcool. Le *stillman* continue de vérifier la densité et la clarté de l'alcool qui, au bout de quelques heures, se met à faiblir. Ces queues de distillation, ou *feints*, prennent la direction de la cuve où sont aussi recueillis les petits vins *(low wines)*.

Certaines distilleries, dont Bushmills (Irlande du Nord) et Auchentoshan (Lowlands), pratiquent une triple distillation : l'alcool passe dans un troisième alambic, afin de produire un whisky plus léger.

Une fois que les *feints* ont été recueillies, subsiste un résidu aqueux *(spent lees)*; cette lie est généralement évacuée à l'égout après traitement – à la Royal Lochnagar Distillery, les *spent lees* sont épandues dans les champs alentour.

On ajoute les *foreshots* et les *feints* au *wash* suivant, et le processus se répète à l'identique.

Alambics (spirit et wash stills) *à Bowmore.*

La maturation

La fabrication des fûts.

L'alcool nouvellement produit *(new spirit)* est incolore, grossier, extrêmement fort ; à ce stade, il possède certaines des caractéristiques du whisky sans en partager l'élégance finale. Il va devoir séjourner trois ans en fût avant de pouvoir prétendre légalement au nom de whisky. Au cours de cette maturation, il s'adoucira et se colorera en absorbant les résidus de bourbon, de sherry (xérès) ou de porto des fûts de bois dans lesquels il a été mis à vieillir.

Le *new spirit* est acheminé par des conduites dans la salle de remplissage *(filling room)*, où on le verse dans des fûts de chêne. Les *distillery managers* exercent des contrôles très stricts pour s'assurer que l'alcool est mesuré avec soin lors de son transfert dans les fûts. Tous les entrepôts de whisky sont sous la surveillance des jaugeurs de la Régie : le responsable de la distillerie doit rendre compte de chaque fût à la Régie, qui prélèvera des taxes sur le whisky embouteillé.

Les distilleries emploient différents types de tonneaux. À Laphroaig, par exemple, on n'utilise que des fûts ayant contenu du bourbon américain. The Macallan vieillit dans des tonneaux à sherry ; certains whiskies de malt Glenmorangie achèvent leur maturation dans d'anciens fûts de porto et de madère. Le type de fût influe sur la coloration et le goût finals des *malt whiskies*. Une fois remplis, les fûts sont entreposés sous contrôle de la Régie, trois ans au moins. S'ils sont destinés à l'élaboration d'un *single malt* ou d'un *blend* « de luxe », le vieillissement se prolongera pour atteindre 10 à 15 ans, voire plus.

Le bois étant perméable, l'air ambiant s'infiltre dans le whisky, de sorte que les senteurs de sel, d'algues, de bruyère, de pin, de chêne... finissent par s'ajouter aux caractéristiques du malt. Une partie du whisky s'échappe du fût par évaporation (c'est la fameuse « part des anges »). La température et l'humidité qui règnent dans les entrepôts ont également des effets sur la maturation. Plus un whisky de malt vieillit longuement dans le tonneau, et plus il subit de modifications : c'est pourquoi les *malts* d'âges variés provenant d'une même distillerie sont si différents.

De temps à autre, on tape sur les fûts pour vérifier que tout va bien. Un choc net et sonore signifie que le tonneau est intact et que le whisky vieillit sans problème. Un fût fendu, ou qui fuit, produit un son assourdi. Le *distillery manager* sait que ce fût doit être inspecté, et sans doute remplacé. Il tire une petite quantité de whisky du fût et la verse dans un verre de dégustation ; il procède à un examen olfactif et fait tournoyer le whisky dans le verre (une « rangée de perles » autour de la surface du liquide lui indique que la maturation du whisky se déroule de façon satisfaisante) avant de la remettre dans le fût.

Jadis, on donnait aux employés des distilleries de vieux fûts dans lesquels le whisky avait vieilli de longues années. Ces tonneaux étaient remplis d'eau chaude et de vapeur, puis on les faisait rouler dans la rue, ce qui produisait plusieurs litres de boisson alcoolisée. Cette pratique n'est plus autorisée.

Il vieillit lentement dans l'obscurité, pour la satisfaction future des amateurs.

Les régions productrices de whisky de malt écossais

TOUT COMME les vins de France, les whiskies d'Écosse se regroupent selon leur région d'origine. Les malts de cet ouvrage sont présentés par ordre alphabétique, avec une classification régionale… qui ne doit pas évoquer l'uniformité ; ainsi, il serait faux de prétendre que tous les whiskies de malt d'Islay ont un fort goût de tourbe (ce n'est pas le cas de Bunnahabain, par exemple). Toutefois, certaines caractéristiques régionales influent bel et bien sur le choix d'un *malt whisky*.

Collines onduleuses et torrents limpides sont des images communément associées au whisky.

Les paysages des Lowlands sont pour la plupart doux et verdoyants.

LES LOWLANDS

Les Basses-Terres d'Écosse, aux doux paysages onduleux, ne viennent pas immédiatement à l'esprit en tant que région d'origine du *Scotch whisky*, plus volontiers associé à des images de montagnes austères et de torrents impétueux. Dans cette partie de l'Écosse, point de collines granitiques, et très peu de tourbières. L'on y trouve cependant en abondance de la bonne orge et de l'eau pure. Les *malts* des Lowlands ont un goût plus suave que ceux d'autres régions, qui doit beaucoup aux qualités propres de l'orge maltée. Glenkinchie, whisky de malt légèrement sec, fumé, fait figure d'exception.

À la fin du XIXe siècle, la région comptait beaucoup plus de distilleries de *malt whisky* qu'aujourd'hui. Historiquement, les contrées situées en deçà d'une ligne imaginaire reliant la Clyde et la Tay produisaient dans de grands alambics « industriels » des whiskies qui ne présentaient ni la délicatesse ni la gamme des saveurs des *malts* des Hautes-Terres. Ces établissements ont depuis longtemps disparu, et les quelques distilleries qui subsistent produisent de très bons whiskies de malt, légers et dépourvus de tout goût de tourbe ou de mer.

Auchentoshan, qui accueille les visiteurs se rendant à Glasgow par la rive nord de la Clyde, est la seule distillerie à pratiquer la triple distillation.

Au sein de la région des Lowlands se trouvent les deux plus grandes villes d'Écosse (Édimbourg et Glasgow), ainsi que la grande voie navigable de la Clyde, qui autrefois offrait aux distilleries un accès aisé aux marchés d'outre-mer (l'on y voyait fréquemment des navires emportant des cargaisons – légales ou non – de whisky). C'est dans les chantiers navals de la Clyde que furent construits des paquebots aussi prestigieux que le *Queen Mary* et les *Queen Elizabeth I* et *II*. Au sud de la région industrielle de la Clyde s'étendent des champs de céréales et des collines basses où paissent les moutons. C'est là que sont confectionnés les célèbres cachemires écossais.

La région des Lowlands présente de nombreux traits communs avec l'Irlande du Nord, patrie du whiskey Bushmills. Les échanges ont de tout temps été nombreux entre ces deux parties des îles Britanniques ; on pense, par exemple, que la distillerie d'Auchentoshan aurait été fondée avec l'aide de moines irlandais. L'une des principales caractéristiques du whiskey irlandais comme du *malt* produit à Auchentoshan est qu'ils résultent d'une triple distillation. La distillation supplémentaire confère au produit fini une exceptionnelle pureté.

Les whiskies de malt des Lowlands ne sont pas affectés par de violents vents marins (contrairement à ceux des îles), et le sel est peu présent dans la constitution de leur goût. Les douces et tièdes brises qui soufflent sur les campagnes ondoyantes ajoutent probablement au velouté des *malts* des Basses-Terres.

Les Highlands

Le voyageur qui prend la route menant vers le nord à partir de la région du Speyside constate une certaine raréfaction des établissements producteurs de whisky. Cette route passe auprès du site de Glen Albyn (distillerie aujourd'hui démantelée) et des distilleries de Glen Ord, Teaninch, Dalmore, Glenmorangie, Balblair, Clynelish ; au bout de la route, près de Wick, Pulteney est la plus septentrionale des distilleries d'Écosse « continentale ». Ces Northern Highlands (Hautes-Terres du Nord) constituent une région montagneuse, où les torrents dévalent des versants granitiques, des collines tapissées de bruyère et des vallons verdoyants – ce qui ne

La lande de Rannoch, dans les Western Highlands. ►

Le Ben Nevis, point culminant de Grande-Bretagne.

manque pas d'enrichir les whiskies de malt de maints goûts et arômes intéressants.

Cette vaste région s'étend de Pulteney au nord-est à Oban à l'ouest et Tullibardine au sud. Chaque whisky est différent de son voisin, et leurs caractéristiques à tous doivent beaucoup à la topographie et à la ressource en eau locales. Les fermes isolées et difficiles d'accès se prêtaient autrefois à la pratique de la distillation clandestine. La plupart des distilleries actuellement en activité furent cependant construites au début du XIXe siècle (seule Balblair revendique une création datant d'avant la légalisation de la distillation – en 1790).

Les Hautes-Terres du Nord offrent au visiteur de spectaculaires panoramas. Les whiskies de malt produits dans les îles de Mull, Jura et des Orcades sont considérés comme appartenant à cette région. Il ne reste plus qu'une distillerie à Mull ; l'eau contenue dans le whisky qui y est élaboré a coulé sur des tourbières, ce qui donne au produit fini une saveur fumée. À Jura, l'eau coule sur des rochers, de sorte que le whisky possède des arômes frais et fleuris, traduisant bien le caractère de cette belle île sauvage et esseulée.

Les Orcades

L'archipel des Orcades (Orkney Islands) s'égrène à la pointe septentrionale de l'Écosse, entre océan Atlantique et mer du Nord. Les influences scandinaves y sont perceptibles (les Orcades sont plus proches d'Oslo que de Londres). À Skara Brae et Maes Howe, l'on peut voir des pierres levées et des chambres mortuaires de l'âge du bronze. Des événements historiques plus récents ont laissé des traces : dans les eaux de Scapa Flow, les épaves de la flotte allemande pointent à la surface depuis la Grande Guerre. Au-delà de la Churchill Barrier, édifiée pour protéger Scapa Flow lors de la Seconde Guerre mondiale, la chapelle italienne de Lamb Holm mérite une visite (des fresques y ont été réalisées par des prisonniers de guerre italiens).

Les Orcades sont fertiles et vallonnées, mais Main Island, la plus grande des îles de l'archipel, comporte de grandes étendues planes et dénudées, où ciel, terre et mer semblent se mêler. Le relief de Hoy est plus accidenté. Les falaises littorales sont peuplées de courlis, de mouettes tridactyles, de guillemots, de macareux et parfois

Le regard porte loin sur ces vastes étendues de terre battues par les vents.

même de grands stercoraires. Les fleurs abondent dans les prés, et les landes s'enflamment quand fleurit la bruyère.

Du fait de l'isolement de l'archipel, la distillation du whisky pouvait être effectuée en toute tranquillité : on sait que maintes distilleries exercèrent leur activité dans les Orcades. En 1805, les *excisemen* en détruisirent un bon nombre dans les îles les plus écartées. Seules deux ont subsisté : Scapa (actuellement en sommeil) et Highland Park. Toutes deux sont situées sur l'île principale, qui bénéficie d'excellentes ressources naturelles : eau en abondance, terres propices à la culture de l'orge, tourbe à profusion…

Les whiskies d'Orkney sentent l'air marin, cet air qui s'insinue dans les fûts de bois, à l'intérieur des entrepôts de maturation en bord de mer. La tourbe de l'île, employée pour sécher l'orge maltée, provient de la bruyère (ce qui donne une saveur de miel au whisky).

La rude beauté des paysages du Speyside.

La bruyère occupe depuis fort longtemps une place de choix dans la grande tradition du whisky de malt.

Le Speyside

La région productrice de whisky du Speyside est située dans les Hautes-Terres d'Écosse : la Spey, qui coule entre les Ladder et Cromdale Hills, dans les monts Grampian, est alimentée par de nombreux affluents, dont l'Avon et la Livet. Il ne reste plus aujourd'hui que deux distilleries dans la vallée de cette dernière : The Glenlivet et Tamnavulin. Le fond de la vallée est assez large, mais elle se rétrécit brusquement et se fait escarpée à l'attaque des collines, où d'étroits chemins rappellent les sentiers de contrebandiers qui menaient aux villes clés des Basses-Terres. Cette région montagneuse était pratiquement inaccessible au XVIIe siècle et au début du XVIIIe, de sorte que la distillation clandestine y battait son plein.

Avec l'abondance des ressources en eau douce, l'accès aisé à l'orge et la présence de tourbe dans la lande, le Speyside était comme destiné à la production de whisky. La plupart des paysans en fabriquaient pour leur consommation personnelle, ce qui était accepté. Les ennuis survinrent quand ces mêmes paysans se mirent à vendre leur whisky. Le gouvernement décida de taxer, cependant la plupart des paysans refusèrent de payer.

Un propriétaire terrien, le duc de Gordon, œuvra alors pour faire légaliser la distillation. L'un de ses tenanciers, George Smith, (personnage haut en couleur qui avant de changer de nom s'appelait Gow et dont la famille avait longtemps soutenu la cause du prétendant Stuart au trône d'Écosse, « Bonnie Prince Charlie »), fut le premier à demander et obtenir une licence, en 1824. De nombreuses distilleries faisaient figurer le mot « Glenlivet » (signifiant « vallée de la Livet ») dans le nom de leur whisky, pour indiquer qu'il provenait de cette partie du Speyside. Cette habitude finit par poser des problèmes d'identification, si bien qu'en 1880 les Smith tentèrent par voie

De vastes lochs procurent aux distillateurs des réserves inépuisables d'une eau calme et limpide.

judiciaire de faire interdire aux autres producteurs l'usage des mots «The Glenlivet». Ils eurent gain de cause, de telle sorte qu'aujourd'hui les distilleries ne peuvent utiliser le mot Glenlivet qu'en l'ajoutant à leur propre nom, comme par exemple Tomintoul Glenlivet. Une seule distillerie a le droit de s'appeler «The Glenlivet».

L'alimentation en eau de nombre des distilleries de cette région s'effectue grâce à des sources ; la pureté de l'eau surgie des profondeurs des montagnes après avoir coulé longuement sur des roches granitiques contribue certainement à la qualité du whisky, à sa saveur particulière : dépourvue de tout soupçon d'embruns, plus nette et plus simple que celle d'un *single malt* d'Islay tel que Laphroaig. La tourbe n'est guère abondante ici, aussi le combustible traditionnel utilisé pour le séchage du malt était-il le plus souvent le charbon. L'orge étant maltée avec très peu de tourbe, le goût et l'arôme de fumée sont très discrets. Les whiskies de malt des différentes distilleries du Speyside ont chacun leur personnalité, mais en raison de la modestie de l'apport de la tourbe la plupart présentent un équilibre et un moelleux caractéristiques. Au cours de leur maturation, les whiskies absorbent plutôt l'esprit de la lande, de la bruyère, des grands espaces. Avec l'héritage d'une longue tradition de distillation, le Speyside produit des *malts* d'une qualité exceptionnelle.

Les distilleries de whisky sont au nombre d'une quarantaine dans le Speyside (parfois considéré comme faisant partie des Highlands). Si maintes distilleries adoptent le mot «Speyside» au sein de leur nom, très peu d'entre elles sont effectivement situées au bord de la Spey.

CAMPBELTOWN

Il y a moins d'u siècle encore, le visiteur serait sans doute arrivé à Campbeltown par bateau. À l'approche de la ville, il aurait vu près de trente cheminées de distilleries se découper sur le fond du ciel. Aujourd'hui pourtant, les distilleries ne sont plus que deux : Springbank et Glen Scotia. L'air marin de la presqu'île de Kintyre confère un goût particulier à leurs whiskies de malt.

Islay

Située au large du Mull of Kintyre, l'île d'Islay est la plus fertile des Hébrides, qui s'égrènent au long de la côte ouest de l'Écosse. Islay est profondément échancrée sur sa côte sud-ouest par le loch Indaal.

Le passé historique de l'île est foisonnant : pierres levées de l'âge du bronze, croix celtiques vieilles de plus de mille ans à Kildalton, chapelle médiévale de Kilnave... Le souvenir de la production clandestine de whisky est encore vivace. Le trajet en bateau au départ de Kennacraig dure environ deux heures. Avant l'avènement du transport aérien, les insulaires étaient fréquemment coupés du reste du monde. Il n'est donc guère surprenant que la distillation du whisky ait commencé à Islay dès le XVIe siècle (les premiers distillateurs seraient venus d'Irlande).

Islay est une île battue par les vents, superbe et accidentée, aux profondes vallées boisées, aux vastes landes et aux campagnes onduleuses. L'isolement, l'abondance de la tourbe, les ressources en eau illimitées et la production d'orge locale destinaient tout naturellement Islay à la production de whisky. Les sept distilleries de l'île élaborent des *malt whiskies* fort différents les uns des autres, légers comme Bunnahabhain et Caol Ila, ou plus vigoureux et aromatiques comme Laphroaig et Ardbeg.

Toutes les distilleries d'Islay ont été bâties à proximité de la mer, afin de favoriser le transport vers la grande terre. Une eau fraîche et pure jaillit du sol pour dévaler les pentes rocheuses au bas desquelles elle est recueillie dans de paisibles bassins avant de gagner la mer. L'orge croît dans des champs fertiles, et l'on exploite la tourbe apparemment inépuisable de la lande. L'orge maltée séchée sur un feu de tourbe d'Islay (issue de la décomposition de bruyère, de mousses et d'herbes) possède une saveur et un arôme qui lui appartiennent en propre. Les whiskies de malt sont réputés pour leur caractère fumé. Les tourbières occupent une grande partie de l'île : par endroits, la route principale qui mène de Port Ellen à Bowmore « flotte » littéralement sur la tourbe ; il est donc recommandé de conduire prudemment, car des bosses inattendues apparaissent à la surface !

◄ *Le spectacle familier de rochers déchiquetés et de torrents fougueux.*

ORKNEY ISLANDS
LEWIS
SKYE
HIGHLANDS
SPEYSIDE
Elgin
Grantown
Inverness
Loch Ness
Aberdeen
Fort William
Ben Nevis
Pitlochry
MULL
Oban
JURA
ISLAY
Edinburgh
Glasgow
Ayr
Campbeltown
LOWLANDS
ENGLAND
N
W
E
S

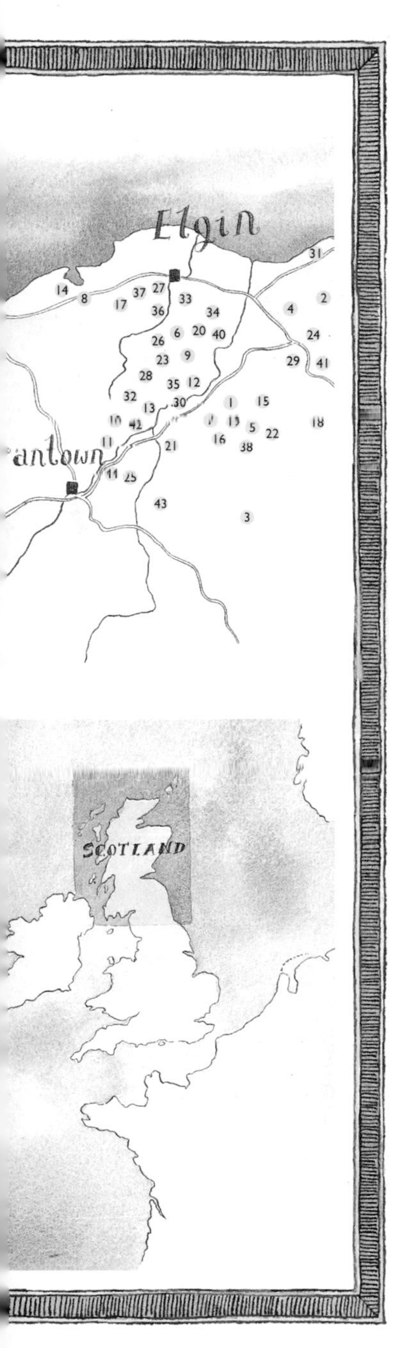

LES RÉGIONS PRODUCTRICES DE WHISKY ÉCOSSAIS *SINGLE MALT*

La carte ci-contre permet de visualiser la répartition par « crus » des distilleries figurant au répertoire. Les établissements du Speyside sont si nombreux que cette région a été agrandie pour rendre la consultation plus aisée.

Les coloris employés pour chaque région sont repris dans la partie répertoire, et les distilleries sont numérotées par ordre alphabétique, ainsi qu'elles apparaissent au répertoire.

LOWLAND

1 Auchentoshan
2 Bladnoch
3 Glenkinchie
4 Rosebank

HIGHLAND

1 Aberfeldy
2 Ben Nevis
3 Blair Athol
4 Clynelish
5 The Dalmore
6 Dalwhinnie
7 Deanston
8 Drumguish
9 Edradour
10 Glencadam
11 Glen Deveron
12 Glen Garioch
13 Glengoyne
14 Glenmorangie
15 Glen Ord
16 Glenturret
17 Inchmurrin
18 Oban
19 Old Fettercairn
20 Royal Brackla
21 Royal Lochnagar
22 Teaninch
23 Tomatin
24 Tullibardine

MULL

25 Tobermory

JURA

26 Isle of Jura

ORKNEY

27 Highland Park
28 Scapa

SKYE

29 Talisker

SPEYSIDE

1 Aberlour
2 An Cnoc
3 Ardmore
4 Aultmore
5 The Balvernie
6 Benriach
7 Benrinnes
8 Benromach
9 Caperdronich
10 Cardhu
11 Cragganmore
12 Craigellachie
13 Dailuaine
14 Dallas Dhu
15 Dufftown
16 Glenallachie
17 Glenburgie
18 The Glendronach
19 Glendullan
20 Glen Elgin
21 Glenfarclas
22 Glenfiddich
23 Glen Grant
24 Glen Keith
25 The Glenlivet
26 Glenlossie
27 Glen Moray
28 Glenrothes
29 Glentauchers
30 Imperial
31 Inchgower
32 Knockando
33 Linkwood
34 Longmorn
35 The Macallan
36 Mannochmore
37 Miltonduff
38 Mortlach
39 The Singleton
40 Speyburn
41 Srathisla
42 Tamdhu
43 Tomintoul
44 The Tormore

ISLAY

1 Ardbeg
2 Bowmore
3 Bruichladdich
4 Bunnahabhain
5 Caol Ila
6 Lagavulin
7 Laphroaig

CAMPBELTOWN

1 Springbank

ARRAN

1 Arran

Whiskies de malt du monde entier

QUI DIT whisky dit Écosse… et pourtant l'Écosse n'est pas le seul pays où l'on produise du whisky. Les ingrédients nécessaires à l'élaboration de whisky de malt sont de bonnes ressources en eau pure, en orge, en tourbe, et un climat frais permettant la lente maturation du whisky dans des fûts de bois. Des whiskies *single malt* sont en fait produits à partir d'orge maltée en Irlande (Irlande du Nord et Eire), au Japon, et aujourd'hui en Tasmanie.

L'Irlande du Nord

L'Irlande du Nord est si proche de l'Écosse et des Hébrides que l'on a longtemps pensé que la distillation du whisky avait été introduite d'Irlande du Nord en Écosse au début du XVIe siècle. Des recherches récemment menées sur l'île de Rhum (!), au sud de l'île de Skye, ont montré que cette croyance était peut-être erronée : la distillation aurait en fait commencé en Écosse voici quelque quatre mille ans! Quoi qu'il en soit, les influences réciproques de l'Irlande du Nord sur le *Scotch whisky* et de l'Écosse sur l'*Irish whiskey* ne font aucun doute.

Irlande du Nord et Écosse partagent une langue commune, le gaélique (qui a certes évolué différemment dans les deux pays), et les paysages de l'une et de l'autre sont très similaires, avec leurs vastes lacs, leurs fougueux torrents, leurs tourbières, leurs campagnes ondoyantes, leurs montagnes… La légende veut que la célèbre Chaussée des Géants, sur la côte nord du comté d'Antrim, ait été un gué menant en Écosse (ce qui est évidemment faux, dans la mesure où elle est née de l'érosion marine). Bushmills, la plus ancienne distillerie encore en activité, est située à Coleraine dans le comté d'Antrim (qu'une ligne droite relierait au sud de la presqu'île de Kintyre et à la plupart des distilleries d'Écosse).

L'EIRE

L'art de la distillation du whisky était bien connu en Irlande dès le XIVe siècle. Une grande partie de la production actuelle est issue de la distillation de diverses céréales non maltées (orge, avoine, froment et seigle). Plusieurs distilleries, parmi lesquelles Middelton et Cooley, produisent occasionnellement du *single malt.* La République d'Irlande étant située au sud de l'Écosse, son climat plus doux produit des whiskies au goût légèrement plus épicé, à la finale plus nerveuse.

LE JAPON

Le whisky nippon doit beaucoup à l'Écosse, où furent formés les premiers distillateurs japonais, qui ramenèrent leurs connaissances nouvelles jusque dans les traditionnelles distilleries de saké. Les paysages de l'île du nord, Hokkaidō, rappellent fortement ceux des Hautes-Terres d'Écosse (tourbières, montagnes, torrents dévalant des pentes granitiques). La tourbe donne des arômes moins intenses que celle d'Écosse. La plus grosse société productrice, Suntory, possède des distilleries à Yamazaki, près de Kyotō, à Hakushū et à Noheji, dans l'île de Honshū. Suntory n'exporte que trois pour cent de sa production, dans la zone Pacifique principalement. La deuxième plus grosse compagnie, Nikka, produit deux whiskies *single malt.* La troisième, Sanraku Ocean, possède deux distilleries, dont une seule élabore du whisky de malt.

LA TASMANIE

Andrew Morrison, exploitant agricole de Tasmanie, a entrepris à Cradle Mountain la production d'un *single malt.* La Tasmanie bénéficie d'un climat idéal et possède tous les ingrédients requis.

Au plaisir du *single malt*

Activité souvent considérée comme une prérogative masculine, la dégustation d'un bon whisky *single malt* s'entoure d'une aura quasi mystique. Dessins humoristiques et articles de presse perpétuent l'image de messieurs aussi dignes que chenus, confortablement installés dans leur fauteuil de cuir et évoquant doctement les mérites de tel ou tel *pure malt.*

Le moment le plus propice à la consommation de whisky fait l'objet de controverses. Il ne serait en fait guère exagéré d'affirmer que l'on peut boire du whisky à toute heure du jour ou de la nuit, sans pour autant souhaiter imiter les habitants des Hébrides, au sujet de qui un homme d'affaires écossais du nom de John Stanhope écrivit dans son journal en 1806 : «... ils continuent de prendre leur *streah*, ou verre de whisky, avant le petit déjeuner, ce qui, pour n'être pas un régime apprécié des Anglais, semble au moins des plus sains, si l'on en juge à l'air de santé et au teint rubicond des indigènes – à dire vrai, sous un climat aussi humide, il est presque d'absolue nécessité que d'ingurgiter une certaine quantité de spiritueux. Jamais les *streahs* supplémentaires n'essuient de refus dans la journée.» Peut-être devrions-nous suivre l'exemple de W. C. Fields, qui aurait déclaré : «Je me gargarise plusieurs fois par jour avec du whisky et je n'ai pas eu de rhume depuis des années.»

Vous constaterez cependant au fil du répertoire que certains *malts* se servent de préférence avant le dîner, et d'autres après. Ces conseils traduisent avant tout les inclinations de l'auteur. L'expérimentation est encore le meilleur moyen de se forger une opinion personnelle.

Commencer une collection de whiskies

La gamme étendue des *single malts* offre à l'amateur de whisky l'occasion d'effectuer de merveilleux voyages d'exploration et de découverte. Le collectionneur dispose d'un choix presque infini. Outre les *malts* produits par les distilleries elles-mêmes, il faut ajouter les *bottlings* (embouteillages) effectués par des spécialistes (négociants), à différents âges et niveaux d'intensité alcoolique. Il est relativement facile de démarrer une collection : de nombreux marchands de vins et spiritueux ont en stock des whiskies couvrant les principaux crus d'Écosse, ainsi que du whiskey de malt irlandais.

Les goûts varient évidemment d'une personne à l'autre, mais les dix whiskies *single malt* dont les noms suivent constituent un bon moyen de faire connaissance avec les différentes régions de production (indiquées entre parenthèses).

Bowmore, 17 ans d'âge *(Islay)*

Laphroaig, 10 ans d'âge *(Islay)*

Highland Park, 12 ans d'âge *(Orkney)*

Talisker, 10 ans d'âge *(Skye)*

Glenkinchie, 10 ans d'âge *(Lowlands)*

The Balvenie Double Wood, 12 ans d'âge *(Speyside)*

Benriach, 10 ans d'âge *(Speyside)*

The Singleton of Auchroisk, 10 ans d'âge *(Speyside)*

Edradour, 10 ans d'âge *(Southern Highlands)*

Glenmorangie, 12 ans d'âge, Sherry Wood Finish – maturation achevée en fût de xérès *(Highlands)*

Cette cave représente un assortiment de *malts* à consommer en apéritif et/ou en digestif (pour plus de renseignements sur chacun d'eux, se reporter au répertoire).

Le stockage du whisky

Une fois que le whisky quitte son fût pour être mis en bouteille, il devient inaccessible à l'air ambiant et le processus de vieillissement cesse. Dans la bouteille, il va conserver sa coloration, son arôme et son goût. Quand on la débouche, il n'est pas indispensable de tout boire aussitôt. Il peut se produire une certaine perte par évaporation, surtout si le bouchon n'est pas parfaitement étanche. Si la bouteille reste très longtemps ouverte, des modifications presque imperceptibles affecteront sans doute l'arôme et le goût. Les bouteilles entamées doivent être entreposées avec le bouchon bien remis en place, debout, à température ambiante et à l'abri de la lumière.

Déguster un *single malt*

UN *SINGLE MALT* est fait pour être savouré. Les notes qui suivent vous aideront à en apprendre davantage sur les whiskies de malt et à comprendre les notes de dégustation du répertoire.

Examinez la couleur. Chaque *malt* possède sa coloration propre (de l'or le plus pâle au brun le plus sombre), qui résulte du processus de vieillissement ; celui-ci se déroule en simple fût de chêne ou en ancien tonneau de bourbon, de sherry, de porto ou de madère ; chacun apporte sa couleur et sa saveur au cours de la lente maturation.

Versez un peu de whisky dans un verre, couvrez quelques instants le verre de votre main. Les assembleurs se servent de verres spéciaux qui retiennent les vapeurs et facilitent l'identification des différents arômes.

Ôtez complètement la main de sur le verre, puis faites tournoyer le whisky ; d'autres fragrances se dégageront.

Aspirez lentement un peu de whisky. Faites-le tourner autour de votre langue, afin d'avoir bien les saveurs en bouche. Des sensations gustatives distinctes vous parviendront de différents endroits de votre bouche.

Notez comme le goût change lorsque vous avalez le whisky de malt : c'est le *finish*, la finale. Certains *single malts* ont une gamme de retour d'arômes plus prononcée que d'autres. Lorsque vous aurez pris conscience du plein impact des arômes et des saveurs du *malt* de votre choix, vous pourrez, si vous le souhaitez, ajouter de l'eau dans le verre (cela contribuera aussi à libérer les saveurs). L'idéal serait que l'eau provienne de la même source que celle de la distillerie, mais cela s'avère presque toujours impossible ; une eau minérale, plate de préférence, est alors conseillée.

Examinez la couleur du whisky.

Faites tournoyer pour libérer les arômes.

Couvrez pour retenir les arômes.

Humez le whisky.

Goûtez le whisky.

Les verres

UNE GRANDE DIVERSITÉ de verres est à la disposition de l'amateur de whisky ; vous trouverez évoqués ci-dessous quelques-uns des choix les plus fréquents.

Le cristal. La tradition veut que l'on boive le whisky dans un petit gobelet en cristal taillé. Un décanteur en cristal taillé rempli de whisky et entouré de plusieurs gobelets offre un magnifique tableau : sous l'effet de la réfraction de la lumière, le whisky passe de l'or au rubis et à l'ambre. Edinburgh Crystal produit de tels vérres depuis plus de 125 ans, mais leurs origines remontent au moins au XVIIe siècle.

Le verre blanc. Certains amateurs de whisky préfèrent se servir d'un verre en verre blanc, afin de mieux apprécier la coloration. Les goûteurs professionnels se servent d'un *nosing glass* (verre à humer), de forme particulière et muni d'un couvercle en verre (pour retenir les fragrances du *malt*).

Le *quaich*. Il y a des siècles de cela, les Écossais avaient coutume de boire dans un coupe en bois cerclé, le *quaich*. Dans les Hautes-Terres occidentales, certaines tailles de *quaich* devinrent des mesures à whisky ; l'une d'entre elles servait généralement à offrir la coupe de bienvenue au visiteur, puis évidemment la coupe d'au revoir ou d'adieu. Le bois fut supplanté par la corne, puis par l'argent ; la forme, très simple, et les deux « oreilles » ont été conservées.

Edinburgh Crystal.

L'attirail de l'amateur : un quaich et un flacon de poche.

Répertoire des
whiskies
single malt

Guide pour le répertoire

SELON une vieille complainte écossaise, une bouteille de whisky est chose bien peu pratique : *«It's owr muchle for ane, an'nae eneuch for twa!»* (c'est trop pour boire un coup, mais pas assez pour en boire deux). Permettez-moi de vous recommander de déguster les whiskies présentés avec beaucoup plus de retenue.

Suivez les conseils des pages 46-47 concernant l'évaluation d'un whisky *single malt*, et vous retirerez un intense plaisir de la dégustation des différents whiskies de malt à votre disposition. Pour les nouveaux venus dans le monde du *malt whisky*, il est bon d'ajouter une goutte d'eau au whisky, ce qui réduit l'intensité du choc gustatif et permet au palais de savourer les différents goûts. L'on peut se dégoûter à jamais du scotch si l'on a la malencontreuse idée de boire un whisky *cask strength* («brut de barrique») sans l'étendre d'eau. Commencez par les plus doux des *malts* des Lowlands, pour passer progressivement à ceux du Speyside avant d'essayer les whiskies de malt des Orcades (Orkney), de Mull, de Jura et d'Islay. Vous apprendrez ainsi à percevoir les différences au sein des *malts*, à apprécier les arômes de bruyère, de tourbe et de mer.

La première partie du répertoire est constituée d'une liste des distilleries dont les *single malts* sont commercialisés dans le monde entier. Si la plupart de ces distilleries sont opérationnelles, certaines ont fermé leur portes ; elles sont cependant susceptibles de se remettre à produire à tout moment (tout y est maintenu en parfait état, dans l'attente de cette éventualité).

Les whiskies présentés proviennent d'Écosse, d'Irlande du Nord et du Japon. Malheureusement, tous n'ont pu être dégustés et évalués. Ainsi, le Japon compte au moins une douzaine de distilleries de whisky de malt, mais la majeure partie de leur production est réservée au marché intérieur. Mentionnons par ailleurs les deux *single malts* de l'Eire, (le Connell et le Connemara) produits par la distillerie de Cooley, et celui de Tasmanie (le Castle Mountain).

Les whiskies sont classés par ordre alphabétique dans ce répertoire qui indique leur pays de provenance, et même – dans le cas de l'Écosse –, la région où se situe chaque distillerie. Le code de couleurs utilisé pour la carte des pages 40-41 est repris pour faciliter l'identification des crus.

L'introduction de chaque page fournit des renseignements sur la distillerie : des détails historiques, la localisation et la date de fondation). L'adresse, le numéro de téléphone et, le cas échéant, le numéro de télécopie sont également indiqués.

LA DISTILLERIE

Quelques informations clés sont apportées pour chaque notice. Elles figurent toujours dans le même ordre, et font appel aux symboles ci-dessous. En cas de renseignement non disponible ou non communiqué au moment de la réalisation de l'ouvrage, la mention « NC » figure en lieu et place.

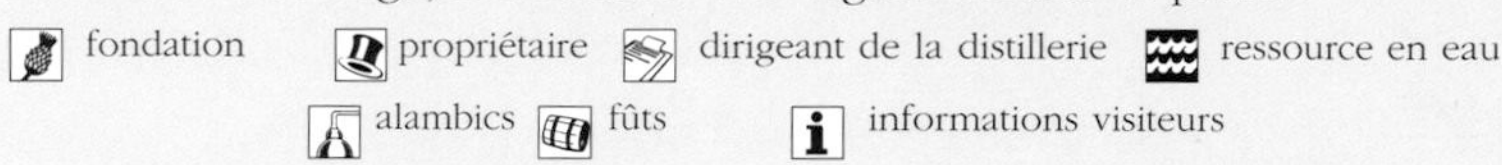

ÂGE, CARACTÉRISTIQUES, DISTINCTIONS

Cet encadré renseigne le lecteur sur les « âges » disponibles : ce terme fait référence au nombre d'années de maturation du whisky en fût avant la mise en bouteille. En moyenne, un *single malt* vieillit 10 ans avant d'être embouteillé, mais comme vous le constaterez, d'autres pratiques sont courantes.

Les mises en bouteille spéciales (« Special Bottlings ») sont particulièrement fréquentes en Corée et au Japon, mais il vaut toujours la peine de demander à votre détaillant de se renseigner sur la disponibilité de tels articles.

Sont mentionnées les distinctions venues récompenser la qualité de tel ou tel whisky, et notamment celles qui sont décernées chaque année à l'issue de la IWSC (International Wines & Spirits Competition).

NOTES DE DÉGUSTATION

Les notes de dégustation, attribuées à chaque whisky selon l'analyse personnelle de l'auteur, se basent sur l'âge, le nez et le goût.

Aberfeldy

HIGHLAND

ABERFELDY DISTILLERY, ABERFELDY, PERTHSHIRE PH15 2EB
TÉL : +44 (0) 1887 820330 FAX : +44 (0) 1887 820432

La distillerie d'Aberfeldy a été fondée en 1896 par John Dewar & Sons Ltd. sur des terres appartenant au marquis de Breadalbane, juste en dehors de la ville d'Aberfeldy, sur la rive sud de la Tay. La distillerie tire la majeure partie de son eau du Pitilie Burn ; jusqu'en 1867, ce ruisseau alimentait aussi une autre distillerie. Aberfeldy ferma ses portes en 1917 comme maints autres établissements (la production d'orge étant alors réservée à l'alimentation), pour rouvrir en 1919 ; la production fut de nouveau interrompue pendant la Seconde Guerre mondiale, jusqu'en 1945. En 1972-1973, la distillerie a été reconstruite et équipée de quatre nouveaux alambics chauffés à la vapeur.

Sur l'étiquette d'une bouteille d'Aberfeldy figure un écureuil roux : une colonie de ces petits animaux vit à proximité de la distillerie. Ce *malt* est d'une belle couleur dorée parcourue de rouge.

la distillerie

- 1896
- United Distillers
- G. Donoghue
- Pitilie Burn
- 2 *wash* 2 *spirit*
- NC
- Pâques-oct.
  lun.-ven. 10 h-16 h

âges, caractéristiques, distinctions

Aberfeldy 15 ans d'âge, 43 %

à la distillerie

HIGHLAND
SINGLE MALT
SCOTCH WHISKY

ABERFELDY

distillery was established in 1898 on the *road* to *Perth* and south *side* of the *RIVER TAY*. Fresh *spring water* is taken from the nearby *PITILIE burn* and used to produce this *UNIQUE single MALT* SCOTCH WHISKY with its *distinctive* PEATY nose.

AGED 15 YEARS

Distilled & Bottled in *SCOTLAND*.
ABERFELDY DISTILLERY
Aberfeldy, Perthshire, Scotland.

43% vol 70 cl

notes de dégustation

ÂGE	15 ans, 43 %
NEZ	Chaleureux ; sherry et muscade.
BOUCHE	Goût moyennement corsé, un soupçon de fumée.

Aberlour

SPEYSIDE

ABERLOUR DISTILLERY, ABERLOUR, BANFFSHIRE AB38 9PJ
TÉL : +44 (0) 1340 871204 FAX : +44 (0) 1340 871729

En gaélique, Aberlour signifie « Embouchure du ruisseau babillard », ce qui est peut-être lié à la présence, auprès de la distillerie, d'un puits remontant à l'époque où la vallée était occupée par une communauté druidique. La pureté de cette source amena James Fleming à fonder la distillerie en 1879. Divers propriétaires se succédèrent jusqu'en 1945, date du rachat par S. Campbell & Sons Ltd. Elle est aujourd'hui gérée par Campbell Distillers, filiale de Pernod-Ricard. Aberlour se situe au pied du Ben Rinnes, non loin du Linn of Ruthie, qui tombe en une cascade de dix mètres dans le Lour Burn. Aberlour est un superbe *single malt* ambré.

la distillerie

- 1879
- Campbell Distillers Ltd.
- Alan J. Winchester
- Sources sur le Ben Rinnes
- 2 *wash* 2 *spirit*
- NC
- Pas de visites

notes de dégustation

ÂGE 10 ans, 40%

NEZ Arôme entêtant de malt et de caramel.

BOUCHE Goût moyennement corsé, nuances tourbe et miel.

An Cnoc

SPEYSIDE

KNOCKDHU DISTILLERY, KNOCK BY HUNTLY, ABERDEENSHIRE AB5 5LJ
TÉL : +44 (0) 1466 771223 FAX : +44 (0) 1466 771359

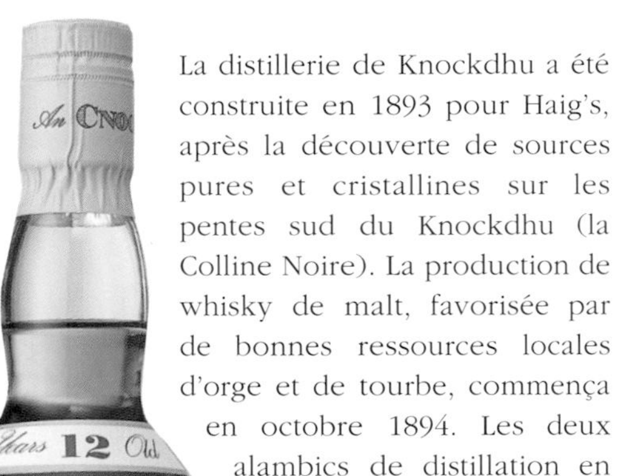

La distillerie de Knockdhu a été construite en 1893 pour Haig's, après la découverte de sources pures et cristallines sur les pentes sud du Knockdhu (la Colline Noire). La production de whisky de malt, favorisée par de bonnes ressources locales d'orge et de tourbe, commença en octobre 1894. Les deux alambics de distillation en discontinu *(pot stills)*, à vapeur, distillèrent jusqu'à 12 000 litres par semaine. La majeure partie de la production était destinée à des assemblages ; ce n'est qu'après le rachat de la distillerie par Inver

la distillerie

- 1893
- Inver House Distillers Ltd.
- S. Harrower
- Sources au pied du Knockdhu
- 1 *wash* 1 *spirit*
- *Hogsheads* de chêne
- Pas de visites

Knockdhu

SINGLE HIGHLAND MALT
SCOTCH WHISKY
Established 1894

House Distillers Ltd., en 1988, que l'excellent *single malt* devint réellement disponible, sous le nom de An Cnoc.

Ce *malt* très pâle est mis en bouteille par Inver House après 12 ans de vieillissement.

âges, caractéristiques, distinctions

An Cnoc 12 ans d'âge, 40 %

notes de dégustation

ÂGE 12 ans, 40 %

NEZ Doux, très aromatique, avec un soupçon de glace à la vanille et de fumée.

BOUCHE *Malt* net, gamme de saveurs fruitées, de caractère sec (d'agrumes) à plus chaleureux et tropical ; *finish* doux et prolongé. Un *malt* pour toutes circonstances.

Ardbeg

ISLAY

Ardbeg Distillery, Port Ellen, Isle of Islay PA42 7EB

Tél : +44 (0) 1496 302418 Fax : +44 (0) 1496 302496

L'île d'Islay apparaît à l'horizon, se rapproche, et déjà les longs bâtiments bas des distilleries de Kildalton se dessinent sur le rivage. La plus à l'est est celle d'Ardbeg.

La distillation y a commencé vers 1798, mais la famille MacDougall n'en fit une affaire commerciale qu'en 1815. En 1886, Ardbeg employait 60 des 200 habitants du village, et produisait 1 million de litres d'alcool brut par an. En 1990, Ardbeg est entrée dans le giron d'Allied Distillers Ltd.

À l'heure où nous écrivons ces lignes, la distillerie est malheureusement inactive, mais des stocks de ce *malt* couleur de paille claire sont disponibles chez les détaillants spécialisés.

la distillerie

- 1798
- Allied Distillers Ltd.
- Iain Henderson
- Lochs Arinambeat et Uigedale
- 1 *wash* 1 *spirit*
- Réemploi
- Pas de visites

notes de dégustation

ÂGE	1974, 40 %
NEZ	Arôme de tourbe, plein et légèrement médicinal.
BOUCHE	Goût riche, fumé, excellente finale ronde.
	Mérite d'être recherché.

Ardmore

SPEYSIDE

Ardmore Distillery, Kennethmont, Huntly, Aberdeenshire AB54 4NH
Tél : +44 (0) 1464 831213 fax : +44 (0) 1464 831428

La distillerie d'Ardmore a été construite en 1898 par William Teacher & Sons à Kennethmont, au pied des monts Grampian (ces petites montagnes d'Écosse centrale qui séparent Lowlands et Highlands). En 1955, le nombre des alambics a été porté de deux à quatre, puis à huit en 1974. Les alambics alimentés au charbon et une machine à vapeur datant des premiers temps de la distillerie (qui appartient aujourd'hui à Allied Distillers Ltd.) ont été conservés.

La majeure partie de la production est destinée à des assemblages (le Teacher's Highland Cream en particulier). Des mises en bouteille spéciales de ce *malt* couleur d'or pâle, au goût suave et plein, sont parfois disponibles.

la distillerie

- 1898
- Allied Distillers Ltd.
- Jim Sim
- Sources locales
- 4 *wash* 4 *spirit*
- NC
- Pas de visites

notes de dégustation

ÂGE 1981, 40 %

NEZ Doux, prometteur.

BOUCHE Goût puissant, malté, et pourtant doux au palais, *finish* sec. Un bon *malt* digestif.

Arran

HIGHLAND – ARRAN

ARRAN DISTILLERY, LOCHARANZA, ARRAN, ARGYLL KA27 8HJ
TÉL : +44 (0) 1770 830624 FAX : +44 (0) 1770 830364

La famille Currie a fait de manière éclatante la preuve de sa confiance en l'avenir du whisky de malt écossais, en fondant en 1994 « Isle of Arran Distillers ». Arran est héritière d'une tradition dans le domaine du whisky, et ses produits ont toujours eu bonne réputation. La dernière distillerie à y fonctionner, Lagg, cessa cependant son activité en 1837.

Les Currie ont construit une distillerie nouvelle mais selon une conception traditionnelle, au village de Lochranza, dans une vallée entourée de collines, à proximité d'un château du XIVe siècle. Un ruisseau, l'Eason Biorach, fournit son eau pure.

Pour susciter un intérêt à l'égard de l'île, la société a lancé une action originale : le public a été invité à acquérir des bons donnant droit à une caisse de douze bouteilles de whisky *single malt* « Isle of Arran Founder's Reserve »... en 2001. Les détenteurs de ces bons deviennent également membres de la « Isle of

la distillerie

1994

Isle of Arran Distillers Ltd.

Gordon Mitchell

Eason Biorach

1 *wash* 1 *spirit*

Anciens *hogsheads* et *butts* de sherry

Toute l'année
10 h-18 h
Visites guidées, animation audiovisuelle, expo, boutique et restaurant

Arran Malt Whisky Society », ce qui leur permet d'acheter des *blends* et des *malts* spéciaux.

Les alambics ont commencé en 1995 à donner un alcool qui vieillit actuellement sur place, dans des fûts de sherry. Il n'aura droit à l'appellation de whisky qu'en juin 1998, et l'on espère que les premières bouteilles seront proposées en 2001. Quelques indices donnent à penser que ce *malt* aura un goût de tourbe, enrichi de notes suaves. En attendant l'arrivée à maturité de son premier whisky, la société Isle of Arran Distillers commercialise plusieurs produits, dont le *vatted malt* Eileandour (« eau des îles » en gaélique), assemblage de *malts* des Highlands et des îles d'Écosse.

notes de dégustation

ÂGE First Production 1995, 63,5 %

NEZ Étonnamment doux et sucré pour un *new spirit*.

BOUCHE Goût plutôt rude, avec des notes de malt et d'épices.

ÂGE 1 Year Old Spirit 1996, 61,5 %

NEZ Arôme moins âpre, nuances de sherry et de tourbe.

BOUCHE La promesse déjà du whisky à venir. Encore immature, mais la saveur s'enrichit d'éléments de malt, de poivre, de miel et de tourbe, avec une fin de bouche suave.

ÂGE Eileandour, 10 ans d'âge

NEZ Sherry, notes de tourbe.

BOUCHE Plein, un peu brutal d'abord ; puis les nuances de vanille et de miel prennent le dessus. Arrière-goût moelleux et prolongé.

Auchentoshan

LOWLAND

AUCHENTOSHAN DISTILLERY, DALMUIR, DUNBARTONSHIRE G81 4SG
TÉL : +44 (0) 1389 878561 FAX : +44 (0) 1389 877368

Des faubourgs nord de Glasgow, l'on aperçoit la distillerie d'Auchentoshan, située entre les Kilpatrick Hills et la Clyde. Construite en 1800, elle a connu maints propriétaires jusqu'en 1969 ; elle fut alors vendue à Eadie Cairns, à l'origine de sa réfection. En 1984, les distilleries Morrison-Bowmore (Glen Garioch, Bowmore) en firent l'acquisition.

Auchentoshan donne une bonne indication de l'élaboration d'un *malt* des Lowlands. Le whisky y résulte toujours d'une triple distillation, et la fermentation s'effectue dans des *washbacks* de mélèze et d'inox. Les distilleries de whisky de malt étaient nombreuses dans la région au XIXe siècle, mais il n'en reste plus que six, dont quatre en sommeil, et seules Auchentoshan et Glenkinchie sont pleinement opérationnelles pour l'heure.

Le *single malt* Auchentoshan possède un arôme frais de citron, et une chaleureuse couleur de champ de blé sous le soleil.

la distillerie

- 1800
- Morrison-Bowmore Distillers Ltd.
- Stuart Hodkinson
- Loch Cochno
- 1 *wash* 1 intermédiaire 1 *spirit*
- Anciens fûts de bourbon et de sherry
- Pas de visites

âges, caractéristiques, distinctions

Commercialisé aujourd'hui par Morrison-Bowmore en deux versions : sans mention d'âge et 10 ans d'âge

1992, IWSC Gold Medal (21 ans d'âge)

1994, IWSC Gold Medal (21 ans d'âge)

notes de dégustation

ÂGE Sans mention d'âge, 40 %

NEZ Chaleureux, nuances d'agrumes. Engageant.

BOUCHE Saveurs de fruits très suaves, finale très marquée. Un *malt* à savourer à toute heure.

ÂGE 10 ans d'âge, 40 %

NEZ Arômes d'agrumes et de raisins.

BOUCHE Douceur, nuance de chêne et de citron ; finale ronde et prolongée.

Aultmore

SPEYSIDE

AULTMORE DISTILLERY, KEITH, BANFFSHIRE AB55 3QY
TÉL : +44 (0) 1542 882762 FAX : +44 (0) 1542 886467

La distillerie d'Aultmore fut fondée en 1895 par le propriétaire de celle de Benrinnes, Alexander Edward. Elle est située au bord de l'Auchinderran Burn (en gaélique, Aultmore signifie « gros ruisseau »). En 1898, Edward racheta la distillerie d'Oban et créa la Oban & Aultmore-Glenlivet Distilleries Ltd. Parmi ses associés figuraient Messrs. Greig & Gillespie, assembleurs de whiskies à Glasgow, et Mr. Brickmann, courtier en whisky travaillant avec la Pattisons Ltd., société d'assemblage sise à Leith (Édimbourg). La faillite de cette dernière, survenue en 1899, imposa une diminution des activités des deux distilleries. Rachetée en 1923 par John Dewar & Sons Ltd., Aultmore fut l'une des premières distilleries à traiter ses résidus afin qu'ils puissent servir à nourrir le bétail.

la distillerie

- 1895
- United Distillers
- Jim Riddell
- Auchinderran Burn
- 2 *wash* 2 *spirit*
- NC
- Pas de visites

âges, caractéristiques, distinctions

Aultmore 12 ans d'âge, 43 %

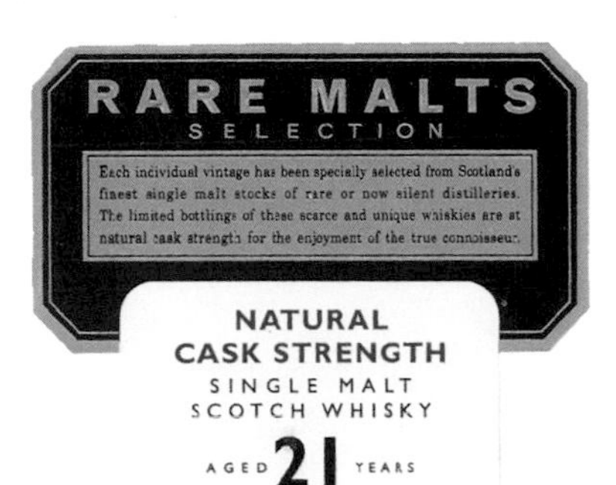

notes de dégustation

ÂGE 12 ans d'âge, 43 %

NEZ Délicat, estival, avec un soupçon de miel et de fumée.

BOUCHE Un *malt* rond en bouche, au goût chaleureux, moelleux, évoquant le beurre.

The Balvenie

SPEYSIDE

WILLIAM GRANT & SONS LTD., THE BALVENIE DISTILLERY, DUFFTOWN, KEITH, BANFFSHIRE AB55 4DH

TÉL : +44 (0) 1340 820373 FAX : +44 (0) 1340 820805

La distillerie de Balvenie, qui occupe un site proche du vieux château de Balvenie, fut construite parallèlement à celle de Glenfiddich par William Grant, en 1892. Toutes deux appartiennent encore à la même société familiale. Balvenie est l'une des distilleries écossaises les plus attachées à la tradition, qui fait appel chaque fois que c'est possible à de l'orge cultivée localement et à ses propres aires de maltage. Les alambics n'ont pas changé en un siècle.

Balvenie produit trois *malts* distincts, dont The Balvenie Founders Reserve (10 ans d'âge) et The Balvenie Double Wood (12 ans). Ce dernier vieillit en fûts de chêne et anciens fûts de sherry. Quant à The Balvenie Single Barrel (15 ans d'âge), il s'agit d'un tirage limité de 300 bouteilles provenant du même fût. William Grant & Sons Ltd. commercialise The Balvenie en « pack cadeau » spécial, miniature, ce qui est un excellent moyen de découvrir ces *malts* très particuliers.

La coloration des *single malts* The Balvenie va de la paille claire au miel doré et à l'ambre profond nuancé de cuivre.

la distillerie

- 1892
- William Grant & Sons Ltd.
- Bill White
- Sources The Robbie Dubh
- 4 *wash* 4 *spirit*
- Chêne – sherry espagnol et bourbon américain
- Pas de visites

âges, caractéristiques, distinctions

10 ans d'âge Founders Reserve, 40 %

12 ans d'âge Double Wood, 40 %

15 ans d'âge Single Barrel, 50,4 %

EST^D 1892
SINGLE MALT
Distilled at
THE BALVENIE
Distillery, Banffshire
SCOTLAND
FOUNDER'S RESERVE
MALT SCOTCH WHISKY
AGED 10 YEARS
The Balvenie Distillery has been owned
AND MANAGED BY OUR INDEPENDENT
family company for five generations.
AT BALVENIE
there are four maltmen, three mashmen,
three tun room men, and three stillmen
AND BETWEEN THEM
they make all The Balvenie we bottle.
THE BALVENIE MALTMASTER
THE BALVENIE DISTILLERY COMPANY, BALVENIE MALTINGS, DUFFTOWN,
BANFFSHIRE, SCOTLAND AB55 4BB
70 cle PRODUCT OF SCOTLAND 40% vol

notes de dégustation

ÂGE	10 ans d'âge Founders Reserve, 40 %
NEZ	Fumé, agrumes, un soupçon de miel.
BOUCHE	Un *malt* sec, frais, à la saveur ronde ; un peu de la suavité des fûts de sherry demeure en bouche.

ÂGE	12 ans d'âge Double Wood, 40 %
NEZ	Riche et somptueux.
BOUCHE	Du corps, moelleux au palais, un *finish* plus plein et doux. Un bon *malt* digestif.

ÂGE	15 ans d'âge Single Barrel 50,4 %
NEZ	Âpre et sec, avec tout de même une petite note sucrée.
BOUCHE	Les quinze années de maturation donnent un *malt* riche et moelleux, avec une finale de caramel très pleine.

EST 1892
The Balvenie Distillery
PROPS: WILLIAM GRANT & SONS LTD.

ESTD 1892
SINGLE MALT
Distilled at
THE BALVENIE
Distillery, Banffshire
SCOTLAND
DOUBLEWOOD
MATURED IN TWO WOODS
AGED 12 YEARS
FIRST CASK
SECOND CASK
Traditional Whisky Oak
Original Sherry Oak
MALT SCOTCH WHISKY
PRODUCT OF SCOTLAND
70cle
40%vol

Ben Nevis

HIGHLAND

BEN NEVIS, LOCH BRIDGE, FORT WILLIAM PM33 6TJ
TÉL : +44 (0) 1397 702476 FAX : +44 (0) 1397 702768

Ben Nevis est la seule distillerie dont l'eau provienne de la plus haute montagne de Grande-Bretagne. Elle fut construite en 1825 par John Macdonald, dit «Long John», dont le nom est toujours lié au monde du whisky. Un article de l'*Illustrated London News* de 1848 rapporte une visite de la reine Victoria. Ben Nevis connut une belle expansion; en 1894 fut inauguré le West Highland Railway, qui allait permettre de transporter à faible coût le charbon jusqu'à la distillerie. Celle-ci fut vendue en 1955 par la famille Macdonald à Joseph Hobbs, qui installa un alambic Coffey (voir p. 242-243); pendant quelque temps, Ben Nevis fut l'une des rares distilleries d'Écosse à produire tant du whisky de malt que du whisky de grain. L'alambic Coffey a été supprimé voici des années. Après plusieurs changements de propriétaires et une période de sommeil, Ben Nevis a été rachetée en 1989 par une firme japonaise, la Nikka Whisky Distilling Company Ltd. L'avenir de la distillation à Fort William semble désormais assuré.

la distillerie

- 1825
- The Nikka Whisky Distilling Company Ltd.
- Colin Ross
- Alt a Mhulin (sur le Ben Nevis)
- 2 *wash* 2 *spirit*
- Sherry et bourbon neufs, sherry de réemploi et *hogsheads*
- Jan.-oct. 9 h-17 h

âges, caractéristiques, distinctions

petites quantités mises en bouteille chaque année, whisky *cask strength* (brut de barrique) – 19, 21 et 26 ans

notes de dégustation

ÂGE 1970, 26 ans d'âge,
fût n° 4533,
52,5 %

NEZ Très odorant, doux et plein arôme de malt.

BOUCHE Beaucoup de corps, beaucoup de bouquet (sherry, caramel et tourbe) ; finale douce et prolongée. Un *malt* digestif exceptionnel.

Benriach

SPEYSIDE

BENRIACH DISTILLERY, LONGMORN NEAR ELGIN, MORAYSHIRE IV30 3SJ
TÉL : +44 (0) 1542 783400 FAX : +44 (0) 1542 783404

Benriach a été fondée en 1898 par John Duff, qui créa aussi la distillerie de Longmorn, à quelques centaines de mètres de là. Les deux distilleries étaient à l'origine reliées par une voie de chemin de fer : la locomotive à vapeur de la firme, transportait d'un établissement à l'autre le charbon, l'orge, la tourbe et les fûts. La distillerie de Benriach ne produisit du whisky que pendant deux ans, avant de fermer en 1900 ; mais ses installations de maltage continuèrent d'alimenter Longmorn en orge maltée.

la distillerie

- 1898
- Seagram Distillers Plc.
- Bob MacPherson
- Sources locales
- 2 *wash* 2 *spirit*
- NC
- Sur RDV uniquement

18 98

BENRIACH DISTILLERY
EST.1898
A SINGLE
PURE HIGHLAND MALT
Scotch Whisky
Benriach Distillery, in the heart of the Highlands, still malts its own barley. The resulting whisky has a unique and attractive delicacy
PRODUCED AND BOTTLED BY THE
BENRIACH
DISTILLERY Cº
ELGIN, MORAYSHIRE, SCOTLAND, IV30 3SJ
Distilled and Bottled in Scotland
AGED 10 YEARS
70cl e 43%vol

La Longmorn Distilleries Co. Ltd. redonna vie à la distillerie de Benriach en 1965, puis fut rachetée en 1978 par Seagram Distillers Plc. Depuis lors, Benriach occupe une place importante parmi les marques de la firme (100 Pipers, Queen Anne, Something Special). Commercialisé pour la première fois en 1994, sous la forme d'un *single malt* de 10 ans d'âge, le Benriach fait partie intégrante de la « Heritage Selection » de Seagram. La distillerie continue de malter l'orge selon les techniques traditionnelles.

Le *single malt* Benriach a une pâle couleur de miel.

âges, caractéristiques, distinctions

Benriach 10 ans d'âge, 43 %

notes de dégustation

ÂGE 10 ans d'âge, 43 %

NEZ Arôme élégant, délicat, avec un soupçon de fleurs d'été.

BOUCHE Léger, moelleux, saveurs variées de fruits sucrés, une fin de bouche sèche et nette avec une nuance de tourbe. Un *malt* chaleureux à l'heure des cocktails, en apéritif, mais aussi en digestif.

Benrinnes

SPEYSIDE

BENRINNES DISTILLERY, ABERLOUR, BANFFSHIRE AB38 9NN
TÉL : +44 (0) 1340 871215 FAX : +44 (0) 1340 871840

L'actuelle distillerie de Benrinnes a été fondée en 1835, mais des documents indiquent que Peter McKenzie entreprit dès 1826 de pratiquer la distillation sur ce site. La distillerie fut initialement baptisée Lyne of Ruthrie par John Innes, que la faillite obligea à céder la ferme et les bâtiments destinés à la distillation. L'acquéreur, William Smith, change le nom en Benrinnes, puis il fut lui-même forcé de vendre. David Edward reprit la distillerie, puis son fils Alexander en hérita. En 1922, Benrinnes fut rachetée par John Dewar & Sons Ltd.

Bâtie à 200 mètres au-dessus du niveau de la mer, la distillerie tire son eau des pentes granitiques. En 1887, Alfred Barnard écrivait : « L'eau jaillit de sources au sommet de la montagne ; par temps clair, on la voit à des milles de distance scintiller sur les rochers qui jalonnent son parcours, franchir des terrasses moussues et des graviers qui la filtrent à la perfection. »

la distillerie

- 1835
- United Distillers
- Alan Barclay
- Scurran Burn, Rowantree Burn
- 2 *wash* 2 *spirit*
- NC
- Pas de visites

RARE MALTS SELECTION
NATURAL CASK STRENGTH
SINGLE MALT SCOTCH WHISKY
AGED 21 YEARS
DISTILLED 1974
BENRINNES DISTILLERY
ESTABLISHED 1826
60.4%vol 70cl e
PRODUCED AND BOTTLED IN SCOTLAND
LIMITED EDITION
BOTTLE Nº 8074

âges, caractéristiques, distinctions

Benrinnes 15 ans d'âge

Benrinnes 21 ans d'âge distillé en 1974, 60,4 %, tirage limité (United Distillers Rare Malts Selection)

1994, ROSPA Health & Safety Gold Award

notes de dégustation

ÂGE Benrinnes 21 ans d'âge 1974, 60,4 %

NEZ Arôme de caramel au beurre.

BOUCHE De la charpente, un soupçon de vanille et de fruits, légèrement huileux en bouche, une finale chaleureuse et persistante.

Un superbe *single malt.*

RARE MALTS
SELECTION
Each individual vintage has been specially selected from Scotland's finest single malt stocks of rare or now silent distilleries. The limited bottlings of these scarce and unique whiskies are at natural cask strength for the enjoyment of the true connoisseur.
NATURAL
CASK STRENGTH
SINGLE MALT
SCOTCH WHISKY
AGED 21 YEARS
DISTILLED 1974
BENRINNES
DISTILLERY
ESTABLISHED 1826
ABERLOUR, BANFFSHIRE
60.4%vol 70cl e
PRODUCED AND BOTTLED
IN SCOTLAND
LIMITED EDITION
BOTTLE Nº 8503

Benromach

SPEYSIDE

BENROMACH DISTILLERY, FORRES, MORAYSHIRE IV35 0EB
TÉL : +44 (0) 1343 545111 FAX : +44 (0) 1343 540155

La distillerie de Benromach a été bâtie en 1898 par Duncan McCallum de la Glen Nevis Distillery et F. W. Brickman, marchand de spiritueux à Leith (Édimbourg). Elle connut une carrière en dents de scie, car elle ferma presque immédiatement ses portes pour les rouvrir en 1907 sous le nom de Forres (McCallum était encore à la barre). De nouveau ressuscitée (en tant que Benromach) après la Grande Guerre, la distillerie demeura en sommeil de 1931 à 1936, puis fut achetée en 1938 par les Associated Scottish Distillers. Reconstruite en 1966, elle fut fermée en 1983 par United Distillers.

Rachetée en 1992 par Gordon & MacPhail, cette distillerie ne sera pleinement opérationnelle qu'en 1998.

la distillerie

- 1898
- Gordon & MacPhail
- Non opérationnelle
- Chapelton Springs
- 1 *wash* 1 *spirit*
- NC
- Pas de visites

notes de dégustation

ÂGE 12 ans, 40 %

NEZ Léger, doux et frais.

BOUCHE Un bon *malt* rond en bouche ; légères notes de caramel et d'épices, un *finish* prolongé, un peu fort.

Bladnoch

LOWLAND

BLADNOCH, WIGTOWNSHIRE DG8 9AB

TÉL : +44 (0) 1988 402235

Située à l'extrême sud de l'Écosse, cette distillerie des Basses-Terres, fondée en 1817 par Thomas McClelland, demeura propriété familiale jusqu'à sa fermeture en 1938.

Après plusieurs changements de propriétaires, la renaissance intervint en 1956. Bladnoch figure aujourd'hui au répertoire des whiskies *single malt* de United Distillers. La distillerie a toutefois été mise en sommeil en 1993, et l'on ne peut plus se procurer ce bon *malt* des Lowlands, à la pâle et chaude robe ambrée, qu'auprès de Gordon & MacPhail.

la distillerie

- 1817
- United Distillers
- Non opérationnelle
- Loch Ma Berry
- 1 *wash* 1 *spirit*
- NC
- Pas de visites

notes de dégustation

ÂGE 1984, 40 %

NEZ Arôme doux, délicat.

BOUCHE De prime abord doux et léger sur la langue, ce *malt* laisse ensuite éclater ses riches saveurs d'agrumes, de cannelle et de fleurs.

Blair Athol

HIGHLAND

BLAIR ATHOL DISTILLERY, PITLOCHRY, PERTHSHIRE PH16 5LY
TÉL : +44 (0) 1796 472161 FAX : +44 (0) 1796 473292

Fondée en 1798 par John Stewart et Robert Robertson, la distillerie de Blair Athol fut réactivée en 1825 par John Robertson, puis passa entre différentes mains jusqu'à ce qu'Elizabeth Conacher en hérite, en 1860. En 1882, elle fut rachetée par un marchand de vins de Liverpool né à Glenlivet, Peter Mackenzie. En 1932, la distillerie ferma ses portes ; acquise par Arthur Bell & Sons Ltd., elle ne rouvrit qu'en 1949. En 1973, le nombre d'alambics de Blair Athol fut porté de deux à quatre.

Sur l'étiquette de Blair Athol, *single malt* chaleureux et ambré, figure une loutre : la distillerie est alimentée en eau par le Allt Dour Burn, ou « ruisseau de la Loutre ».

la distillerie

1798
United Distillers
Gordon Donoghue
Allt Dour Burn
2 *wash* 2 *spirit*
NC
Pâques-sept.
lun.-sam. 9 h -17 h,
dim. 12 h-17 h ;
oct.-Pâques
lun.-vend. 9 h-17 h ;
déc.-févr.
visites guidées
sur RDV uniquement

âges, caractéristiques, distinctions

Blair Athol 12 ans d'âge, 43 %

notes de dégustation

ÂGE	12 ans, 43 %
NEZ	Un vrai grog froid ; toute la fraîcheur du miel et du citron.
BOUCHE	Un *malt* chaleureux, légèrement sucré et fumé.

HIGHLAND
SINGLE MALT
SCOTCH WHISKY

BLAIR ATHOL

distillery, established in 1798, stands on *peaty moorland* in the *foothills* of the *GRAMPIAN MOUNTAINS*. An ancient source of *water* for the *distillery*, *ALLT DOUR BURN* - '*The Burn of the Otter*', flows close by. This *single MALT SCOTCH WHISKY* has a *mellow deep toned* aroma, a *strong fruity* flavour and a *smooth* finish.

AGED 12 YEARS

43% vol — Distilled & Bottled in SCOTLAND. BLAIR ATHOL DISTILLERY, Pitlochry, Perthshire, Scotland. — 70 cl

15 ans - $91.00
16 ans - $125
18 ans - $118

Bowmore

ISLAY

BOWMORE DISTILLERY, BOWMORE, ISLAY, ARGYLL PA4
TÉL : +44 (0) 1496 810441 FAX : +44 (0) 1496 8

Le quai de Bowmore : la distillerie est derrière vous, et le soleil rouge sang s'abîme en mer. Selon une légende écossaise, la mer est rouge à Bowmore parce que les chiens du géant Ennis (ou Angus) y furent tués par un dragon tiré de son sommeil alors que leur maître franchissait le Loch Indaal.

Lorsque l'on arrive à la distillerie par la route, on voit la Round Church, « église ronde » érigée en 1767 par Daniel Campbell. Ce bel édifice au clocher octogonal se dresse au sommet de la grand-rue qui traverse la ville pour aboutir à la mer. On prétend que cette église est ronde afin que le diable ne puisse s'y cacher.

Comme toutes les distilleries d'Islay, celle de Bowmore est située près du rivage, mais elle a la particularité de posséder un entrepôt construit au-dessous du niveau de la mer ; les vagues de l'Atlantique, en se brisant contre ses épaisses murailles, confèrent une saveur unique au whisky qui y vieillit en fûts. Fondée en 1779, Bowmore est l'une des plus

la distillerie

- 1779
- Morrison-Bowmore Distillers Ltd.
- Islay Campbell
- River Laggan
- 2 *wash* 2 *spirit*
- Anciens fûts de bourbon et de sherry
- Lun-ven 10 h-15 h 30 dernière visite ; entrée 2 £ remboursables en cas d'achats dans la boutique de la distillerie.

anciennes distilleries d'Écosse encore en activité. Pendant la Seconde Guerre mondiale, Bowmore servit de base pour les hydravions du Coastal Command. La distillerie a été rachetée en 1963 par Stanley P. Morrison. L'un des entrepôts, transformé en piscine, est chauffé grâce aux surplus d'énergie calorifique dégagés par la distillerie.

Bowmore, qui est l'une des rares distilleries à malter soi-même son orge (le séchage s'effectue dans des fours à tourbe), produit une large gamme de *malts* de caractère, mis à vieillir dans des fûts de bourbon et de sherry. La coloration des whiskies de malt, qui va de l'or pâle à l'ambre et au bronze, n'est pas sans évoquer les couchers de soleil de Bowmore.

âges, caractéristiques, distinctions

Sans mention d'âge, 12, 17, 21, 25 et 30 ans d'âge.

Une rareté, le Black Bowmore.

Tirages spéciaux destinés à l'export.

1992, IWSC Best Single Malt Trophy (21 ans d'âge)

1994, Best Special Edition Malt (Black Bowmore)

1995, Distiller of the Year

notes de dégustation

ÂGE Legend, 40 %

NEZ Tourbe, notes marines.

BOUCHE Saveurs marines, fumée, agrumes, *finish* frais et réconfortant.

ÂGE 12 ans, 43 %

NEZ Léger, fumé, senteurs marines plus présentes.

BOUCHE La bruyère de la tourbe et la vigueur de la mer s'associent pour donner un goût rond et une finale prolongée.

ÂGE 17 ans, 43 %

NEZ L'arôme de fumée s'est enrichit de notes de fruits mûrs et de fleurs.

BOUCHE Un *malt* complexe, regorgeant de saveurs de miel, d'algues, de caramel et d'agrumes ; finale moelleuse et prolongée. Parfait en digestif.

Bruichladdich

ISLAY

BRUICHLADDICH, ISLAY, ARGYLL PA49 7UN

TÉL : +44 (0) 1496 850221

La distillerie de Bruichladdich, située au bord du Loch Indaal, est la plus occidentale des distilleries écossaises, et l'une des première en béton. Elle fut construite en 1881 par Robert, William et John Gourley Harvey. En 1886, la société fut relancée sous le nom de Bruichladdich Distillery Co. (Islay) Ltd., puis elle continua de produire du whisky jusqu'en 1929, avant d'être mise en sommeil pendant huit ans. Désormais propriété de Whyte & Mackay, elle a malheureusement été de nouveau mise en sommeil en 1995.

Le *single malt* Bruichladdich est plus moelleux que les autres *malts* d'Islay, réputés pour leur caractère tourbé.

la distillerie

- 1881
- The Whyte & Mackay Group Plc.
- Non opérationnelle
- Réservoir privé
- 2 *wash* 2 *spirit*
- Chêne blanc d'Amérique
- Pas de visites

notes de dégustation

ÂGE 10 ans d'âge, 40 %

NEZ Arôme subtil et rafraîchissant.

BOUCHE Moyennement charpenté, saveur persistante, nuances d'agrumes et de tourbe – de la légèreté pour un *malt* d'Islay.

Bunnahabhain

ISLAY

BUNNAHABHAIN DISTILLERY, PORT ASKAIG, ISLE OF ISLAY, ARGYLL PA46 7RR

TÉL : +44 (0) 1496 840646 FAX : +44 (0) 1496 840248

la distillerie

- 1883
- The Highland Distilleries Co. Ltd.
- Hamish Proctor
- River Margadale
- 2 *wash* 2 *spirit*
- Fûts de bourbon et de sherry
- Sur RDV uniquement

La distillation fait depuis plus de quatre siècles partie intégrante de la vie à Islay. La distillerie de Bunnahabhain fut fondée en 1883 pour répondre à la demande des assembleurs, qui recherchaient des whiskies de malt de qualité, et tout particulièrement ceux de l'île. Le site, à l'embouchure de la Margadale, fut choisi par les frères Greenless pour sa facilité d'accès en bateau et d'approvisionnement en eau tourbeuse (Bunnahabhain signifie en gaélique « embouchure de la rivière »).

La distillerie fut bâtie en pierre locale, selon un plan carré, avec un portail central. On construisit aussi une chaussée longue d'un mille pour rejoindre la route de Port Askaig, ainsi qu'un quai et des maisons pour les employés et l'*exciseman* (pour les visiteurs, quatre cottages, près de la distillerie, sont proposés à la location). Les travaux furent souvent retardés par des tempêtes, dont l'une emporta deux chaudières neuves jusqu'à l'île de Jura !

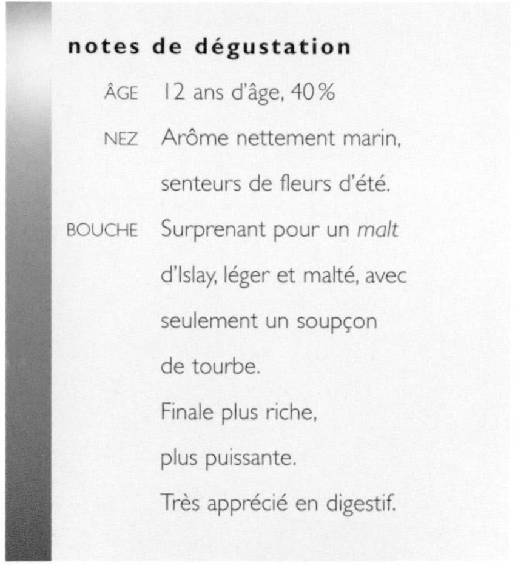

notes de dégustation

ÂGE 12 ans d'âge, 40 %

NEZ Arôme nettement marin, senteurs de fleurs d'été.

BOUCHE Surprenant pour un *malt* d'Islay, léger et malté, avec seulement un soupçon de tourbe.
Finale plus riche, plus puissante.
Très apprécié en digestif.

âges, caractéristiques, distinctions

Bunnahabhain 12 ans d'âge, 40 %

Special 1963 Distillation

À l'origine, la production était exclusivement destinée à l'élaboration d'assemblages ; mais à la fin des années 1970, les Highland Distilleries lancèrent un Bunnahabhain de 12 ans d'âge, whisky de malt légèrement tourbé, moelleux, et à la couleur de blés dorés.

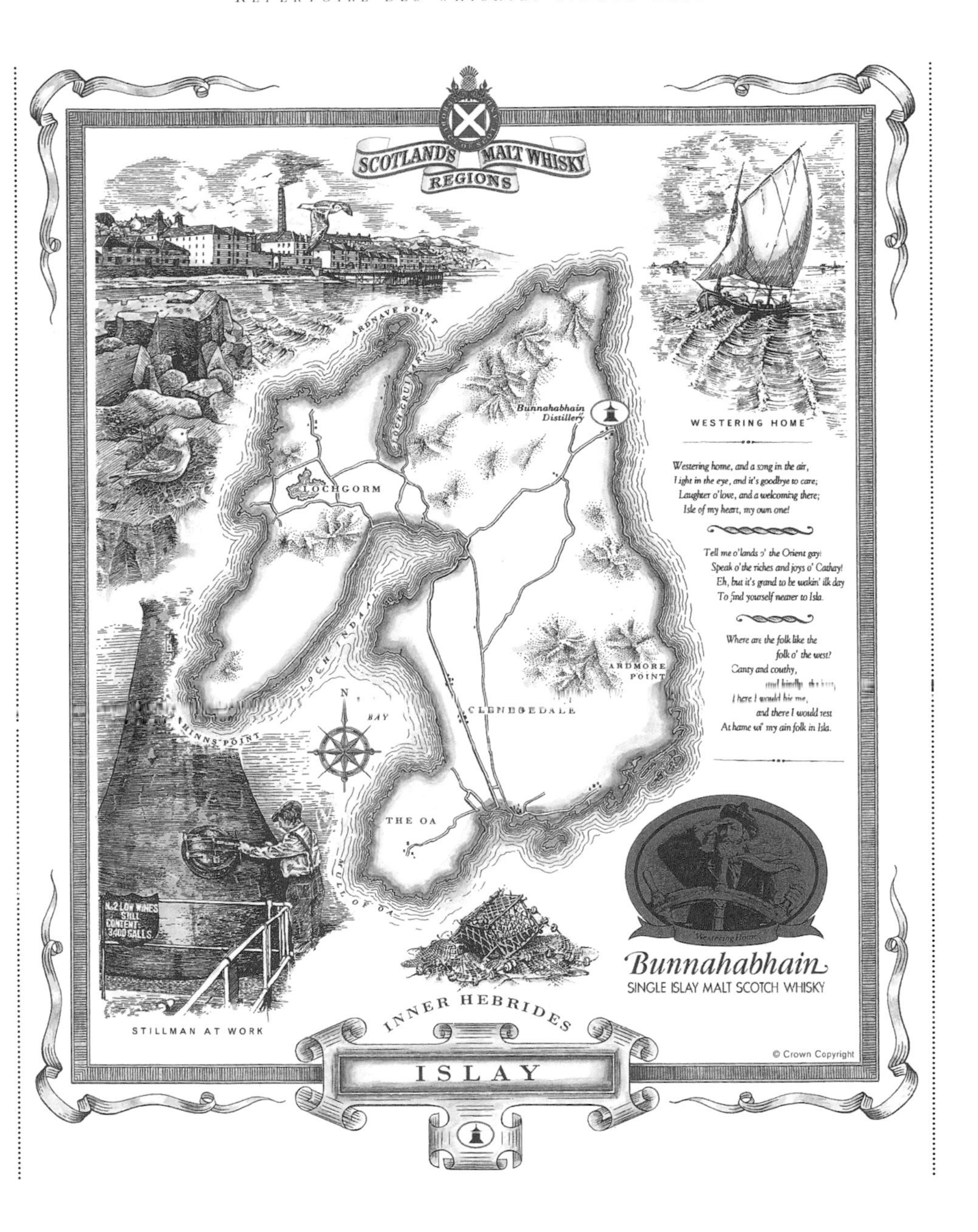

SCOTLAND'S MALT WHISKY
REGIONS
ARDNAVE POINT
LOCH GRUINART
Bunnahabhain Distillery
LOCHGORM
LOCH INDAAL
RHINNS POINT
BAY
N
CLENEGEDALE
ARDMORE POINT
THE OA
MULL OF OA
No 2 LOW WINES STILL CONTENT 3400 GALLS
STILLMAN AT WORK
WESTERING HOME
Westering home, and a song in the air,
Light in the eye, and it's goodbye to care;
Laughter o'love, and a welcoming there;
Isle of my heart, my own one!
Tell me o'lands o' the Orient gay!
Speak o'the riches and joys o' Cathay!
Eh, but it's grand to be wakin' ilk day
To find yourself nearer to Isla.
Where are the folk like the
folk o' the west?
Canty and couthy,
and there I would rest
At hame wi' my ain folk in Isla.
Westering Home
Bunnahabhain
SINGLE ISLAY MALT SCOTCH WHISKY
INNER HEBRIDES
ISLAY
© Crown Copyright

Bushmills

IRL. DU NORD

OLD BUSHMILLS, BUSHMILLS, CO. ANTRIM BT57 8XH
TÉL : +44 (0) 1265 731521 FAX : +44 (0) 1265 731339

Bushmills est la plus ancienne distillerie officiellement recensée au Royaume-Uni. Fondée en 1608, elle est située non loin du site de la Chaussée des Géants. Propriété d'Irish Distillers Ltd. jusqu'en 1988, cette distillerie a été rachetée par Pernod-Ricard.

Non loin de Bushmills, le St Columb's Rill, d'où la distillerie tire son eau, jaillit d'une tourbière pour aller se jeter dans la rivière Bush. Dès 1276, des récits évoquaient l'alcool produit dans le secteur; au début du XVIIe siècle, moulins et distilleries étaient nombreux au bord de la rivière, et la distillation était tout à fait intégrée à la vie quotidienne de la ville. La distillerie actuelle est toujours sise au bord de l'eau, et ses tours de maltage aux toits en pagode sont un élément visuel caractéristique de la ville.

En Irlande (tout comme en Écosse), la fabrication de whiskey était un prolongement logique de la vie paysanne, que facilitait l'abondance des ressources en eau pure et en tourbe. À Bushmills, (comme à

la distillerie

- 1608
- Société Pernod-Ricard
- Frank McHardy
- St Columb's Rill
- 4 *wash* 5 *spirit*
- Anciens fûts de bourbon et de sherry
- Lun.-jeu. 9 h-12 h, 13 h 30-16 h 00; en été, ven. 9 h-16 h sam. 10 h-16 h

Auchentoshan et Rosebank en Écosse), le whiskey est issu d'une triple distillation. Le produit résultant est donc plus simple qu'un whisky distillé deux fois, car les ingrédients constitutifs y demeurent moins nombreux. Il est difficile de savoir ce qui fait le caractère des différents whiskies, mais outre la triple distillation, on peut noter que Bushmills est située plus au sud que d'autres distilleries, sous un climat plus doux, ce qui peut influer sur la maturation dans les tonneaux. Le whiskey Bushmills a beaucoup de caractère, et une saveur très pleine.

âges, caractéristiques, distinctions

Bushmills 10 ans d'âge, 40 %

Bushmills 16 et 19 ans d'âge

Export 10 ans d'âge, 43 %

notes de dégustation

ÂGE 10 ans d'âge, 40 %

NEZ Chaleureux, miel, sherry et épices.

BOUCHE Un *malt* moelleux et chaleureux, avec des saveurs pleines de douceur et d'épice. Recommandé en digestif.

Caol Ila

ISLAY

CAOL ILA DISTILLERY, PORT ASKAIG, ISLAY, ARGYLL PA46 7RL

TÉL : +44 (0) 1496 840207 FAX : +44 (0) 1496 840660

Sur l'étiquette d'une bouteille de Caol Ila figure le dessin d'un phoque, car cet animal fréquente le détroit de Jura, en face de la distillerie. L'une des plus belles vues de l'île s'offre du bâtiment des alambics, au-delà du détroit, vers les « Paps of Jura », quand ces montagnes surgissent de la brume pour s'y replonger aussitôt.

la distillerie

1846

United Distillers

Mike Nicolson

Loch Nam Ban

3 wash 3 spirit

NC

Sur RDV (par téléphone)

La distillerie a été construite en 1846 par Hector Henderson, (qui possédait aussi celle de Camlachie, à Glasgow). Bâtie ainsi que les maisons des employés en pierres provenant des collines alentour, elle possède sa propre jetée. Jusqu'à une époque relativement récente, les approvisionnements et l'expédition du whisky se faisaient par bateau à vapeur. En 1927, la Distillers Co. Ltd. prit le contrôle de Caol Ila et fit l'acquisition du *Pibroch*.

D'importants travaux de réfection ont été effectués en 1974 ; le nombre des alambics est alors passé de deux à six. Les bâtiments modernes de ce qui est la plus grosse distillerie de l'île semblent un peu incongrus dans le paysage d'Islay.

notes de dégustation

ÂGE 15 ans d'âge, 43 %

NEZ très net, avec des arômes de mer, de fumée et de pommes.

BOUCHE Le Caol Ila est distillé avec 100 % de malt tourbé, mais néanmoins moelleux en bouche, avec un soupçon de saveurs marines et une finale nette. Mérite d'être recherché.

ÂGE 20 ans d'âge (distillé en 1975), 61,18 % (Rare Malts Selection)

NEZ Arôme puissant, tourbé.

BOUCHE Sec mais velouté, avec une saveur de tourbe légèrement salée ; un soupçon de sucre, une longue et douce finale.

âges, caractéristiques, distinctions

Caol Ila 15 ans d'âge, 43 %
(United Distillers)
20 ans d'âge (distillé en 1975), 61,18 %,
tirage limité (Rare Malts Selection
de United Distillers)

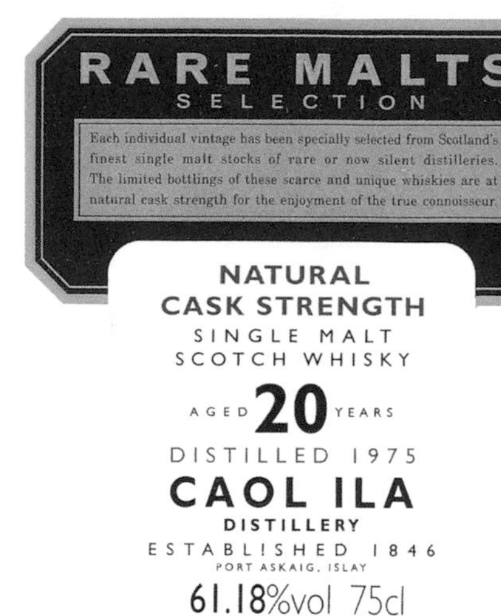

Aujourd'hui mis en bouteille par United Distillers, le whisky de malt Caol Ila est plus aisément disponible qu'autrefois. Couleur de paille claire, fort d'une saveur ronde et légèrement tourbée, le Caol Ila fait une excellente introduction aux *malts* d'Islay.

Caperdonich

SPEYSIDE

CAPERDONICH DISTILLERY, ROTHES, MORAYSHIRE AB38 7BS
TÉL : +44 (0) 1542 783300

En 1897, le major James Grant, propriétaire de la distillerie Glen Grant, construisit un second établissement, qui allait être désigné pendant de longues années sous le nom de Glen Grant No. 2. Le *single malt* qui y fut produit avait ses caractéristiques propres. Les deux distilleries étaient reliées par une conduite qui enjambait la route – on disait à l'époque : « Le whisky coule à flots dans les rues de Rothes ».

la distillerie

- 1897
- The Seagram Co. Ltd.
- Willie Mearns
- Caperdonich Burn
- 2 *wash* 2 *spirit*
- NC
- NC
- Sur RDV uniquement

SPEYSIDE

La distillerie ferma en 1902, pour être reconstruite en 1965 par Glenlivet Distillers Ltd. Rebaptisée Caperdonich, du nom du puits qui alimente en eau les deux distilleries, elle vit en 1967 le nombre de ses alambics passer de deux à quatre.

Le Caperdonich n'est pas habituellement commercialisé en tant que *single malt* (Seagram l'incorpore à ses *blends*), mais il arrive que des détaillants spécialisés en proposent à la vente ; il est d'une couleur pâle, chaude et dorée.

âges, caractéristiques, distinctions

Non mis en bouteille par la distillerie, ne se trouve que chez des spécialistes tels que Gordon & McPhail

notes de dégustation

ÂGE 1980, 40 %

NEZ Arôme doux, notes de tourbe et de sherry

BOUCHE Moyennement corsé, saveur chaude et fruitée, longue finale fumée.

Cardhu

SPEYSIDE

CARDHU DISTILLERY, KNOCKANDO, ABERLOUR, BANFFSHIRE AB38 7RY

TÉL : +44 (0) 1346 810204 FAX : +44 (0) 1340 810491

John Cumming commença à cultiver la terre à Cardow, dans la haute vallée du Knockando, en 1813. L'isolement lui permettant de ne pas attirer l'attention de l'*exciseman*, il se mit à distiller. Comme des officiers séjournaient parfois à la ferme, la femme de Cumming, Ellen, hissait un drapeau rouge une fois qu'ils étaient attablés, pour avertir les autres distillateurs du secteur. En 1824, John Cumming finit par prendre une licence. Sa famille continua de cultiver et distiller en tant que tenanciers, puis Elizabeth Cumming, après avoir géré l'affaire pendant dix-sept ans, acheta des terres à côté de la ferme et y construisit une nouvelle distillerie. Cardow fut rachetée en 1893 par John Walker & Sons Ltd., qui fusionna en 1925 avec Distillers Company Ltd. La distillerie fut reconstruite en 1960-1961 (le nombre des alambics passa de quatre à six).

En 1981, le nom de Cardow a été transformé en Cardhu. Seize maisons sont occupées par les

la distillerie

1824

United Distillers

Charlie Smith

Sources sur la Manoch Hill et Lyne Burn

3 *wash* 3 *spirit*

NC

Jan.-déc., lun.-ven. 9 h 30-16 h 30 ; mai-sept. + sam. ; cafétéria, exposition, aire de pique-nique

âges, caractéristiques, distinctions

Cardhu 12 ans d'âge, 40 %

1992, Toilet of the Year Award (!)

employés de la distillerie ; la ferme, sur 40 hectares, produit de l'orge et élève moutons et bovins. Le Cardhu est un *single malt* couleur d'ambre doré.

notes de dégustation

ÂGE	12 ans d'âge, 40 %
NEZ	Chaleureux, miel et épices – un soupçon de soleil hivernal.
BOUCHE	Frais au palais, une note de miel et de muscade, un *finish* tout de douceur.

Clynelish & Brora

HIGHLAND

CLYNELISH, BRORA, SUTHERLAND KW9 6LB

TÉL : +44 (0) 1408 621444 FAX : +44 (0) 1408 621131

la distillerie

- 1819, reconstruite en 1967
- United Distillers
- Bob Robertson
- Clynemilton Burn
- 6 *wash* 6 *spirit*
- NC
- Mar.-oct., lun.-ven. 9 h 30-16 h ; nov.-févr. sur RDV uniquement

La distillerie de Clynelish fut fondée en 1819 par le marquis de Stafford, qui épousa la fille du duc de Sutherland. La première licence fut délivrée à James Harper. Les archives signalent : « La première ferme au-delà des terres communes (de Brora) est Clynelish, récemment louée à Mr. Harper du comté de Midlothian. Sur cette ferme, vient d'être bâtie une distillerie d'un coût de 750 £. » Le tenancier suivant fut Andrew Ross, puis le bail fut repris en 1846 par George Lawson, qui agrandit la distillerie et remplaça les alambics. Lors de sa vente à Ainsle & Co., assembleurs à Leith, elle fut estimée « d'une grande valeur » par la revue *Harper's Weekly* (en 1896). En 1912, The Distillers Co. Ltd. acquit cinquante pour cent de Clynelish.

Une nouvelle distillerie fut construite à proximité en 1967-1968, qui reçut le nom de Clynelish ; l'ancienne fut fermée quelque temps, puis rouverte en avril 1975 sous le nom de Brora.

Brora et Clynelish s'approvisionnent en eau au Clynemilton Burn.

âges, caractéristiques, distinctions
Clynelish 14 ans d'âge,
commercialisé par United Distillers
Clynelish 23 ans d'âge
(distillé en 1972),
57,1 % (Rare Malts Selection de United Distillers)
Brora 1972, distribué par Gordon & McPhail,
et Brora 1982
distribué par Cadenheads
ROSPA Gold Award for Safety

notes de dégustation

ÂGE Clynelish 23 ans d'âge (distillé en 1972), 57,1 %

NEZ Riche en fruits et épices, chaleureux, engageant.

BOUCHE Moelleux, légèrement sec de prime abord, les fruits et la douceur se révèlent ensuite ; puissante finale aromatique. Un *malt* rare, à rechercher.

Cragganmore

SPEYSIDE

Cragganmore Distillery, Ballindalloch, Banffshire AB37 9AB

Tél : +44 (0) 1807 500202 Fax : +44 (0) 1807 500288

La distillerie de Cragganmore fut fondée en 1869 (à Ayeon Farm, près du Strathspey Railway) par John Smith : ce distillateur expérimenté avait dirigé Macallan en 1850, fondé Glenlivet en 1858, puis dirigé Wishaw pour revenir au Speyside en 1865 en tant que tenancier de Glenfarclas. À la mort de John Smith (en 1886), la direction de Cragganmore fut assumée par son frère George, puis par son fils Gordon, qui s'était formé à la distillerie au Transvaal, en Afrique australe. En 1923, la veuve de Gordon Smith vendit la distillerie à un groupe d'hommes d'affaires. Cragganmore ferma ses portes de 1941 à 1946. En 1964, la distillerie fut agrandie, le nombre des alambics passa de deux à quatre. L'année suivante elle devint membre de la Distillers Company of Edinburgh.

Le Cragganmore est commercialisé par United Distillers au sein de la gamme « Classic Malts ».

la distillerie

- 1869
- United Distillers
- Mike Gunn
- Craggan Burn
- 2 *wash* 2 *spirit*
- NC
- Visites commerciales uniquement, sur RDV

âges, caractéristiques, distinctions

Cragganmore 12 ans d'âge, 40 %
(United Distillers)

Cragganmore 1978 (Gordon & MacPhail), 1982 (Cadenheads)

notes de dégustation

ÂGE 12 ans d'âge, 40 %

NEZ Sec, arôme de miel

BOUCHE Un agréable *malt* moyennement charpenté ; brève finale fumée.

Craigellachie

SPEYSIDE

Craigellachie Distillery, Craigellachie, Aberlour, Banffshire AB38 9ST

Tél : +44 (0) 1340 881211 fax : +44 (0) 1340 881311

La distillerie de Craigellachie fut construite en 1891 par Alexander Edward au flanc d'une colline dominant le village de Craigellachie, rachetée en 1916 par Sir Peter Mackie (père du White Horse Blended Whisky), puis par la Distillers Company Ltd. en 1927. Reconstruite en 1964, elle a vu le nombre de ses alambics porté de deux à quatre.

la distillerie

- 1891
- United Distillers
- Archie Ness
- Little Conval Hill
- 2 *wash* 2 *spirit*
- NC
- Pas de visites

notes de dégustation

ÂGE	22 ans d'âge, 60,2 %
NEZ	Arôme de tourbe plein, puissant.
BOUCHE	Une trompeuse légèreté, moyennement charpenté, fumé et épicé.

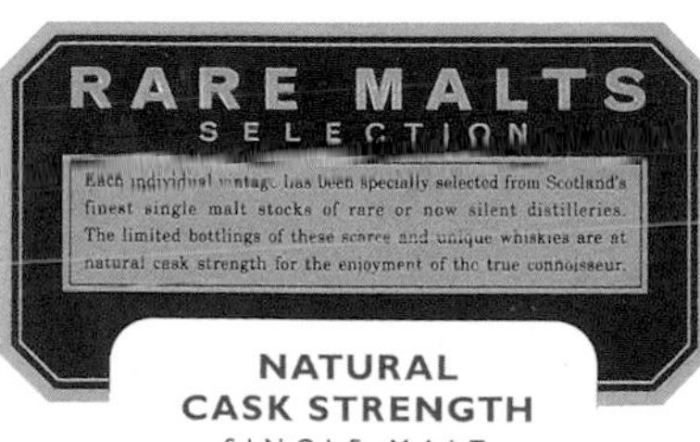

SINGLE MALT
SCOTCH WHISKY

AGED **22** YEARS

DISTILLED 1973

CRAIGELLACHIE

DISTILLERY

ESTABLISHED 1888

CRAIGELLACHIE, BANFFSHIRE

PRODUCED AND BOTTLED
IN SCOTLAND
LIMITED EDITION
BOTTLE

âges, caractéristiques, distinctions

Craigellachie 14 ans d'âge, 43 %

Craigellachie 22 ans d'âge (distillé en 1973), 60,2 % (tirage limité, Rare Malts Selection de United Distillers)

Dailuaine

SPEYSIDE

DAILUAINE DISTILLERY, CARRON, ABERLOUR, BANFFSHIRE AB38 7RE
TÉL : +44 (0) 1340 810361 FAX : +44 (0) 1340 810510

la distillerie

- 1851
- United Distillers
- Neil Gillies
- Ballieumullich Burn
- 3 *wash* 3 *spirit*
- NC
- Pas de visites

Comme bien d'autres distilleries, Dailuaine était à l'origine une ferme. Cette distillerie – dont le nom signifie «le val vert» en gaélique – fut fondée en 1851 par William Mackenzie, dans une cuvette proche du Carron Burn. En 1863, le Strathspey Railway vint la relier à Carron, sur l'autre rive de la Spey. À la mort de Mackenzie, la distillerie fut louée à bail par sa veuve à James Fleming, d'Aberlour ; en 1879, le fils Mackenzie, Thomas, entra dans l'affaire en tant qu'associé. Il la dirigea (en modifiant à plusieurs reprises son nom) jusqu'à sa mort, à l'âge de soixante-six ans, survenue en 1915. Comme il n'avait pas d'héritiers, la société fut acquise par la Distillers Company Ltd.

En grande partie détruite par le feu en 1917, Dailuaine fut reconstruite peu de temps après, puis de nouveau en 1959-1960. Les transports d'orge, de charbon, de tonneaux vides et de whisky s'effectuèrent grâce à la ligne ferroviaire jusqu'en 1967, date de la fermeture du Spey Valley Railway. La locomotive de la distillerie *(Dailuaine No.1)*, construite en 1939 par Barclay of Kilmarnock, a été conservée : on peut la voir circuler sur le Strathspey Railway.

âges, caractéristiques, distinctions

Dailuaine 16 ans d'âge

Dailuaine 22 ans d'âge (distillé en 1973), 60,92 % (tirage limite, Rare Malts Selection de United Distillers)

notes de dégustation

ÂGE Dailuaine 22 ans d'âge (distillé en 1973), 60,92 %

NEZ Arôme plein, fumé, avec une nuance de miel.

BOUCHE Saveur d'épices, note de « Christmas pudding », *finish* doux, prolongé, vivifiant.

RARE MALTS
SELECTION

Each individual vintage has been specially selected from Scotland's [illegible] The limited bottlings of these scarce and unique whiskies are at natural cask strength for the enjoyment of the true connoisseur.

NATURAL
CASK STRENGTH
SINGLE MALT
SCOTCH WHISKY

AGED 22 YEARS

DISTILLED 1973

DAILUAINE
DISTILLERY
ESTABLISHED 1851
CARRON, BANFFSHIRE

PRODUCED AND BOTTLED IN SCOTLAND
LIMITED EDITION
BOTTLE

Dallas Dhu

SPEYSIDE

Dallas Dhu Distillery, Forres, Morayshire IV37 0RR

tél : +44 (0) 1309 676548

Dallas Dhu fut construite en 1898 par Wright & Greig, assembleurs de whiskies à Glasgow, en partenariat avec Alexander Edward et selon les plans de Charles Doig, ingénieur consultant d'Elgin responsable de la conception de maintes distilleries datant du boom du whisky de malt à la fin des années 1890. Cette expansion soudaine fut bientôt suivie d'une récession qui entraîna la fermeture de nombreuses distilleries. Dallas Dhu continua cependant de prospérer, puis connut plusieurs propriétaires successifs : une firme de Glasgow, J.R. O'Brien & Co. Ltd., en 1919 ; Benmore Distilleries Ltd. (de Glasgow également), en 1921 ; Distillers Company Ltd. en 1929.

En 1983, United Distillers a fermé Dallas Dhu, qui est devenue un « musée vivant » administré par Historic Scotland. Des stocks de Dallas Dhu ont été mis en bouteille par United Distillers dans le cadre de la « Rare Malts Selection » ; on en trouve aussi chez des embouteilleurs spécialisés.

la distillerie

- 1898
- United Distillers
- Non opérationnelle
- Altyre Burn
- NC
- NC
- avr.-sept. 9 h 30-18 h 30, dim. 14 h-18 h 30 ; oct.-mars 9 h 30-16 h 30, dim. 14 h-18 h 30 ; ferm. jeu. apr.-m., ven.

notes de dégustation

ÂGE 12 ans d'âge, 40 %

NEZ Chaleureux, notes de sherry et de tourbe.

BOUCHE Rond ; saveur fumée, finale chaude avec nuances de chêne.

âges, caractéristiques, distinctions

24 ans d'âge, 59,9 %
(United Distillers)

12 ans d'âge, 40 %
(Gordon & MacPhail)

The Dalmore

HIGHLAND

DALMORE DISTILLERY, ALNESS, ROSS-SHIRE IV17 0UT
TÉL : +44 (0) 1349 882362 FAX : +44 (0) 1349 883655

The Dalmore signifie « le grand pâturage », en référence à la vaste prairie de la Black Isle, île située face à la distillerie dans le Firth of Cromarty. Cette région d'Écosse est d'une spectaculaire beauté. Une route étroite descend à travers bois jusqu'à la distillerie de Dalmore. Les plages de vase sont un paradis pour les oiseaux : cygnes et échassiers fréquentent les abords du déversoir de la distillerie. Les visiteurs doivent cependant se montrer prudents, car la vase est dangereuse par endroits. La distillerie fut construite en 1839 à la ferme d'Ardross par Alexander Matheson, membre d'une célèbre société de négoce de Hong-Kong, Jardine Matheson. Il porta son choix sur Ardross en raison de la proximité de la rivière Alness, de la facilité d'accès par bateau et d'une situation au cœur d'une région productrice d'orge.

la distillerie

- 1839
- The Whyte & Mackay Group Plc.
- Steve Tulevicz
- The River Alness
- 4 *wash* 4 *spirit*
- Sherry oloroso et chêne blanc d'Amérique
- Sur RDV à 11 h ou 14 h les lun., mar., jeu., début sept.-mi-juin Tél. 01349 882362

Les archives indiquent qu'en 1850 une certaine Margaret Sutherland y était « distillatrice occasionnelle ». En 1886, la distillerie fut rachetée par la famille Mackenzie, qui plus tard allait s'associer à

Whyte & Mackay Ltd. pour constituer la société Dalmore-Whyte & Mackay Ltd. Pendant la Grande Guerre, la production cessa à Dalmore, transformée en fabrique de mines par la marine américaine. En 1956, Dalmore s'équipa d'une malterie utilisant le procédé Saladin ; en 1966, le nombre des alambics fut porté de quatre à huit.

Le vieillissement du whisky, plutôt lent en raison du climat, s'effectue dans des fûts de chêne blanc américain et d'anciens tonneaux de sherry *oloroso*. La douceur de l'eau, le caractère légèrement tourbé de l'orge maltée et les vents marins influent sur le produit final.

notes de dégustation

ÂGE 12 ans d'âge, 40 %

NEZ Arôme plein, fruité, nuances de sherry.

BOUCHE Un bon *malt*, du corps, avec des notes de miel et d'épices. Finale sèche.

âges, caractéristiques, distinctions

The Dalmore 12 ans d'âge, 40 %

Mises en bouteille spéciales, 18, 21 et 30 ans

Gamme « Stillman's Dram »,

23, 27 et 30 ans d'âge

Mise en bouteilles spéciale

(300 bouteilles max.) 50 ans d'âge

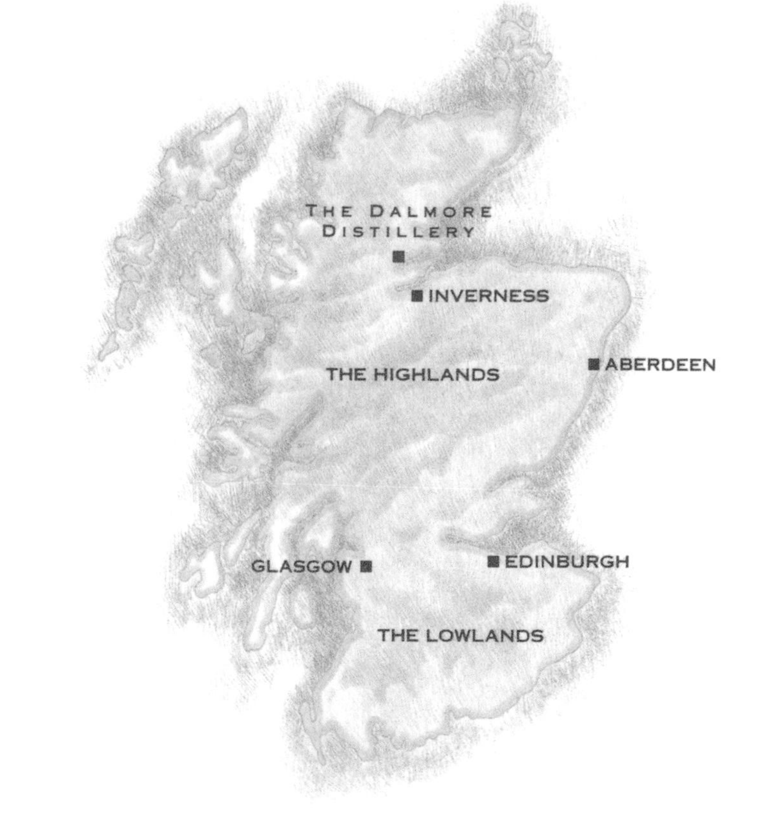

Dalwhinnie

HIGHLAND

DALWHINNIE DISTILLERY, DALWHINNIE, INVERNESS-SHIRE PH19 1AB

TÉL : +44 (0) 1528 522240

Le *single malt* Dalwhinnie fait partie de la gamme « Classic Malts » de United Distillers.

La distillerie de Dalwhinnie (dont le nom signifie « lieu de rencontre ») vit le jour en 1898 sous l'appellation de Strathspey Distillery. Située à plus de 300 mètres au-dessus du niveau de la mer, elle est proche du Lochan an Doire-uaine, source d'eau pure qui traverse les tourbières pour grossir le Allt an t-Sluie Burn. Les premiers propriétaires de la distillerie ne connurent guère de réussite, aussi l'établissement fut-il bientôt racheté par Mr. A.P. Blyth (également propriétaire d'une distillerie à Leith), qui la destinait à son fils. En 1905, des distillateurs new-yorkais, Cook & Bernheimer, la reprirent pour 2 000 $. Sir James Calder s'en porta acquéreur en 1920, puis elle tomba dans l'escarcelle de la Distillers Company Ltd. en 1926. La distillerie ferma à la suite d'un incendie survenu en 1934, pour ne rouvrir qu'après la guerre.

la distillerie

1898

United Distillers

Robert Christine

Allt an t-Sluie Burn

1 *wash* 1 *spirit*

NC

Pâques-oct.
lun.-ven. 9 h 30-16 h 30 ;
autres périodes,
sur RDV
(tél. : 01528 522268)

âges, caractéristiques, distinctions

Dalwhinnie 15 ans d'âge, 43 %

notes de dégustation

ÂGE 15 ans d'âge, 43 %

NEZ Sec, aromatique, estival.

BOUCHE Un superbe *malt*, avec des nuances de miel et une finale sucrée, foisonnante.

Deanston

HIGHLAND

DEANSTON DISTILLERY, DEANSTON NEAR DOUNE, PERTHSHIRE FK16 6AG
TÉL : +44 (0) 1786 841422 FAX : +44 (0) 1786 841439

La distillerie de Deanston présente la particularité d'être hébergée dans un bâtiment historique, une ancienne fabrique de coton conçue par l'inventeur Richard Arkwright (filatures de coton et distilleries de whisky ont en commun la nécessité de disposer d'une source d'eau pure). La distillerie se dresse au bord de la Teith, rivière réputée pour ses saumons et la limpidité de ses eaux. Le bâtiment principal de la distillerie et les entrepôts de maturation datent de 1785. La fabrique faisait jadis appel à l'énergie hydraulique, mais elle dispose aujourd'hui de sa propre centrale de production d'électricité. La transformation en distillerie à part entière date de 1966. L'établissement a été racheté par Burn Stewart Distillers en 1990.

la distillerie

- 1966
- Burn Stewart Distillers Plc.
- Ian Macmillan
- River Teith
- 2 *wash* 2 *spirit*
- Réemploi et sherry
- Pas de visites

âges, caractéristiques, distinctions

Deanston 12, 17 et 25 ans d'âge

Le Deanston est un *malt* de couleur pâle, dorée, de caractère moelleux. Le conditionnement du 12 ans d'âge comprend un historique des guerres d'indépendance écossaises. Le 25 ans d'âge est présenté dans une bouteille ovale (vendue à seulement 2 000 exemplaires par an).

notes de dégustation

ÂGE 12 ans d'âge, 40 %

NEZ Net arôme de céréales.

BOUCHE La saveur de malt joue en premier, puis des notes de miel et d'agrumes entrent en scène.

ÂGE 17 ans d'âge, 40 %

NEZ Sec et légèrement tourbé d'abord, puis arômes de sherry plus chaleureux.

BOUCHE Un riche *malt* aux nuances de sherry, au *finish* sec et tourbé.

ÂGE 25 ans d'âge, 40 %

NEZ La maturation prolongée produit un *malt* plus plein, plus doux, à l'arôme très riche.

BOUCHE Les tanins et le chêne flottent en bouche ; saveur d'ensemble corsée ; fin de bouche fumée. Un *malt* rare et exquis.

SPIRIT VAT
CONTENT 33050 LTRS
DEANSTON
1991
122
DOUNE

Drumguish

HIGHLAND

Drumguish Distillery, Glen Yromie, Kingussie, Inverness-shire PH21 1NS

Tél : +44 (0) 1540 661060 Fax : +44 (0) 1540 661959

L'histoire de la distillerie de Drumguish est aussi celle d'une famille, et en particulier d'un homme. La famille Christie a entrepris en 1962 la construction de l'actuelle distillerie, à côté de l'établissement d'origine fermé en 1911. George Christie a personnellement assumé la majeure partie des travaux, achevés en 1987 (la distillerie est un bâtiment de pierre, doté d'une vieille roue hydraulique). Le premier *spirit* a été produit en 1990.

la distillerie

- 1990
- Speyside Distillery Co. Ltd.
- Richard Beattie
- River Tromie
- 1 *wash* 1 *spirit*
- NC
- Pas de visites

notes de dégustation

Âge Sans mention d'âge, 40 %

Nez Arôme léger, avec des notes de miel et de fruits.

Bouche Doux au palais, des nuances de miel, une finale douce et prolongée.

âges, caractéristiques, distinctions

Mise en bouteille sans mention d'âge, 40 %

D'autres mises en bouteille seront effectuées en temps utile.

Mise en bouteille spéciale « de Noël » de 100 bouteilles de la première production, après 3 ans de maturation

Dufftown

SPEYSIDE

DUFFTOWN DISTILLERY, DUFFTOWN, KEITH, BANFFSHIRE AB55 4BR

TÉL : +44 (0) 1340 820224 FAX : +44 (0) 1340 820060

La Dufftown-Glenlivet Distillery Co. fut fondée en 1896, date de construction de la distillerie à l'intérieur d'une ancienne minoterie (la roue à aubes d'origine subsiste). En 1897, cette distillerie fut reprise par Mackenzie & Co., propriétaires de Blair Athol ; elle allait être rachetée en 1933 par Arthur Bell & Sons. Le nombre des alambics fut porté de deux à quatre en 1967, puis à six en 1979.

Sur l'étiquette de la bouteille de Dufftown figure un martin-pêcheur, de ceux que l'on voit parfois au long de la Dullan (rivière qui longe les bâtiments de la distillerie).

la distillerie

- 1896
- United Distillers
- Steve McGingle
- Jock's Well
- 3 *wash* 3 *spirit*
- NC
- Pas de visites

âges, caractéristiques, distinctions

Dufftown 15 ans d'âge, 43 %

notes de dégustation

ÂGE 15 ans d'âge, 43 %

NEZ Chaleureux, puissamment odorant.

BOUCHE Moelleux, légèrement sucré, avec un soupçon de fruit. Un *malt* délicieusement léger.

HIGHLAND
SINGLE MALT *SCOTCH WHISKY*

DUFFTOWN

distillery was established near *Dufftown* at the end of the 19th. The *bright flash* of the KINGFISHER can often be seen over the *DULLAN RIVER*, which flows past the *old stone buildings* of the *distillery* on its way *north* to the *SPEY*. This *single HIGHLAND MALT WHISKY* is typically *SPEYSIDE* in character with a *delicate*, *fragrant*, almost *flowery* aroma and taste which *lingers* on the *palate*.

AGED 15 YEARS

43% vol — Distilled & Bottled in SCOTLAND. DUFFTOWN DISTILLERY, Dufftown, Keith, Banffshire, Scotland — 70 cl

The Edradour

HIGHLAND

EDRADOUR DISTILLERY, PITLOCHRY, PERTHSHIRE PH16 5JP

TÉL : +44 (0) 1796 473524 FAX : +44 (0) 1796 472002

Edradour est la plus petite distillerie d'Écosse. Fondée en 1825 sur des terres louées au duc d'Atholl, elle a fort peu changé depuis lors. En 1886, elle fut acquise par la William Whiteley & Co. Ltd., filiale de la société américaine J. G. Turney & Sons. Edradour appartient aujourd'hui à Campbell Distillers, du groupe Pernod-Ricard.

The Edradour est un *malt* couleur de miel doré.

la distillerie

1825

Campbell Distillers Ltd.

John Reid

Sources sur la Mhoulin Moor

1 *wash* 1 *spirit*

NC

lun.-sam. 10 h 30-16 h, 16 h 30-17 h; dim. 12 h-17 h

THE EDRADOUR
EST. 1825

âges, caractéristiques, distinctions

The Edradour 10 ans d'âge, 40 %
et 43 % (export)

notes de dégustation

ÂGE 10 ans d'âge, 40 %

NEZ Délicat, doux, un soupçon de tourbe.

BOUCHE Sec, légèrement sucré, finale moelleuse, évoquant la noisette. Un *malt* pour toutes circonstances.

Glenallachie

SPEYSIDE

GLENALLACHIE DISTILLERY, ABERLOUR, BANFFSHIRE AB38 9LR
TÉL : +44 (0) 1340 871315 FAX : +44 (0) 1340 871711

La distillerie de Glenallachie a été construite en 1967 par W. Delme Evans pour la Mackinlay McPherson Ltd., du groupe des Scottish & Newcastle Breweries Ltd. Glenallachie se niche au pied du Ben Rinnes. En 1985, la distillerie a été rachetée par Invergordon Distillers, avant d'entrer dans le giron de Campbell Distillers en 1989. Ne sont actuellement disponibles que des bouteilles provenant des stocks des anciens propriétaires.

la distillerie

- 1967
- Campbell Distillers Ltd.
- Robert Hay
- Sources sur le Ben Rinnes
- 2 *wash* 2 *spirit*
- NC
- Pas de visites

notes de dégustation

ÂGE 12 ans d'âge, 43 %

NEZ Arôme léger, fleuri.

BOUCHE Délicat sur la langue, avec un soupçon de miel et de fruits.

Fin de bouche douce et prolongée.

âges, caractéristiques, distinctions

Stocks des anciens propriétaires, 12 ans d'âge

Glenburgie

SPEYSIDE

GLENBURGIE DISTILLERY, BY ALVES, FORRES, MORAYSHIRE IV36 0QY
TÉL : +44 (0) 1343 850258 FAX : +44 (0) 1343 850480

La distillerie de Glenburgie fut créée en 1810 sous le nom de Kilnflat; le changement d'appellation intervint en 1871. En 1925, elle était dirigée par Margaret Nicol, qui aurait été la première femme à exercer les fonctions de *distillery manager*. Rachetée en 1936 par Hiram Walker, Glenburgie (sise au pied des Mill Buie Hills, au-dessus du village de Kinloss), appartient aujourd'hui à Allied Distillers.

Malt de qualité, le Glenburgie est surtout employé dans les assemblages de Ballantine's; Allied Distillers commercialise un 18 ans d'âge (à l'export surtout), et différents degrés de maturation sont proposés par l'intermédiaire de Gordon & MacPhail.

la distillerie

- 1810
- Allied Distillers Ltd.
- Brian Thomas
- Sources locales
- 2 *wash* 2 *spirit*
- Anciens fûts de bourbon, tonneaux de sherry
- Pas de visites

notes de dégustation

ÂGE 8 ans d'âge, 40 %

NEZ Senteurs d'herbes et de fruits.

BOUCHE Saveur puissante de prime abord; finale persistante, chaleureuse et épicée.

Glencadam

HIGHLAND

THE GLENCADAM DISTILLERY CO. LTD., BRECHIN, ANGUS DD9 6AY
TÉL : +44 (0) 1356 622217 FAX : +44 (0) 1356 624926

En 1825, George Cooper décida de prendre une licence pour faire entrer sa distillerie dans le cadre de la loi légalisant cette activité ; ainsi naquit Glencadam, restée seule aujourd'hui à Brechin alors qu'en 1838 la ville comptait deux distilleries, deux brasseries et 47 débits de spiritueux. Glencadam fut acquise en 1891 par Gilmour Thomson & Co., qui souhaitait disposer pour ses assemblages d'un approvisionnement constant en *malts* de qualité. À cette époque, le Royal Blend Scots Whisky de Gilmour Thomson, qui bénéficiait du patronage du prince de Galles, arborait les armoiries royales ainsi qu'un cerf.

la distillerie

- 1825
- Allied Distillers Ltd.
- Calcott Harper
- Loch Lee
- *1 wash 1 spirit*
- Chêne d'Espagne
- 10 h-16 h, lun.-jeu.

notes de dégustation

ÂGE 1974, 40 %

NEZ Un arôme doux et chaleureux, avec une note de cannelle.

BOUCHE Rond en bouche, un soupçon de pomme au four et de crème, une finale pleine de chaleur.

Glen Deveron

HIGHLAND

MACDUFF DISTILLERY, BANFF, BANFFSHIRE AB4 3JT

TÉL : +44 (0) 1261 812612 FAX : +44 (0) 1261 818083

Le whisky *single malt* Glen Deveron est produit par la distillerie Macduff, ce qui peut prêter à confusion. Si vous achetez un *malt* Glen Deveron chez les embouteilleurs indépendants, l'étiquette fera référence à un « Macduff single malt whisky ».

La distillerie, sise au bord de la Deveron, a été créée en 1962 par un groupe d'hommes d'affaires, sous la raison sociale de Glen Deveron. Elle fait aujourd'hui partie de Bacardi Ltd.

Le Glen Deveron est couleur d'or pâle.

la distillerie

- 1962
- Bacardi Ltd.
- Michael Roy
- Source locale
- 2 *wash* 3 *spirit*
- NC
- Pas de visites

notes de dégustation

ÂGE 12 ans d'âge, 40 %

NEZ Frais, délicat.

BOUCHE Un *malt* moyennement doux, avec une finale fraîche et prolongée.

The Glendronach

SPEYSIDE

GLENDRONACH DISTILLERY, FORGUE, HUNTLY, ABERDEENSHIRE AB54 6DA
TÉL : +44 (0) 1466 730202 FAX : +44 (0) 1466 730313

La distillation fut pratiquée pendant des années de manière clandestine à The Glendronach : du fait de l'isolement des lieux, les propriétaires parvinrent à échapper à l'attention de l'*exciseman*. En 1826, James Allardes et ses associés furent les seconds distillateurs à opérer légalement, sous licence. À Glendronach, tous les fûts sont encore marqués des deux premières lettres du nom d'Allardes (AL). La distillerie fut rachetée en 1960 par William Teacher & Sons Ltd. : la majeure partie du *malt* The Glendronach est destinée au *blended whisky* Teacher's Highland Cream.

la distillerie

- 1826
- Allied Distillers Ltd.
- Frank Massie
- Sources locales
- 2 *wash* 2 *spirit*
- chêne séché et sherry
- Visites guidées à 10 h et 14 h
  Boutique ouverte aux heures de bureau

La distillerie de Glendronach est située aux confins des Highlands, à la limite orientale de la grande région productrice de whisky du Speyside. Son whisky de malt possède certaines caractéristiques d'un *malt* du Speyside, d'autres plus étroitement associées aux whiskies des Highlands. À dire vrai, certains spécialistes classent The Glendronach parmi ces derniers.

La route qui mène d'Aberdeen à Huntly, ville la plus proche de la distillerie, serpente à travers de magnifiques paysages de collines, sur lesquels les montagnes montent une garde permanente à l'horizon. Le secteur mérite d'être découvert non seulement pour sa distillerie, mais aussi pour ses châteaux. Les visiteurs qui poussent jusqu'à Glendronach sont récompensés par une vue inchangée depuis l'époque de la création de la distillerie : les champs alternent avec les pâturages, les arbres où nichent les freux veillent sur le beau

potager ceint de murs du *manager* de la distillerie. Celle-ci est actuellement en sommeil, mais les marchands de spiritueux écossais disposent de stocks de whisky importants.

The Glendronach, d'une belle et profonde couleur d'ambre, doit son caractère à l'orge maltée sur place, à la tourbe et à l'eau des Highlands.

âges, caractéristiques, distinctions

The Glendronach 12 ans d'âge, 40 % Traditional, et 18 ans d'âge Traditional

Glendronach 25 ans d'âge (1968), vieilli en fûts de sherry.

1993, « fortement recommandé » par la revue *Decanter*

1996, IWSC Silver Medal

notes de dégustation

ÂGE	12 ans d'âge, 40 % Traditional
NEZ	Arôme doux, moelleux.
BOUCHE	Long en bouche, beaucoup de douceur, des nuances de fumée, une finale agréable.

Glendullan

SPEYSIDE

GLENDULLAN DISTILLERY, DUFFTOWN, KEITH, BANFFSHIRE AB55 4DJ
TÉL : +44 (0) 1340 820250 FAX : +44 (0) 1340 820064

Glendullan fut la dernière distillerie construite à Dufftown au XIXe siècle. Bâtie en 1897 près de la distillerie de Mortlach, elle partageait avec celle-ci une voie privée de raccordement au Great North of Scotland Railway. Glendullan appartint tout d'abord à William Williams & Sons Ltd., assembleurs à Aberdeen. En 1919, la firme fut rebaptisée Macdonald, Greenlees & Williams, après la prise de contrôle de la distillerie par la Greenlees Brothers Ltd. La Distillers Company Ltd. fit l'acquisition de Glendullan en 1926. Reconstruite en 1962, elle se vit adjoindre dix ans plus tard une nouvelle distillerie forte de six alambics. L'ancienne distillerie a été fermée en 1985 (United Distillers y organise à présent des stages d'entretien).

La distillerie de Glendullan opère toujours sous licence de Macdonald, Greenlees, Ltd., exportateurs de whisky fort réputés dont la marque la plus connue est Old Parr *(blended)*.

la distillerie

- 1897
- United Distillers
- Steve McGingle
- Sources dans les Conval Hills
- 3 *wash* 3 *spirit*
- NC
- Pas de visites

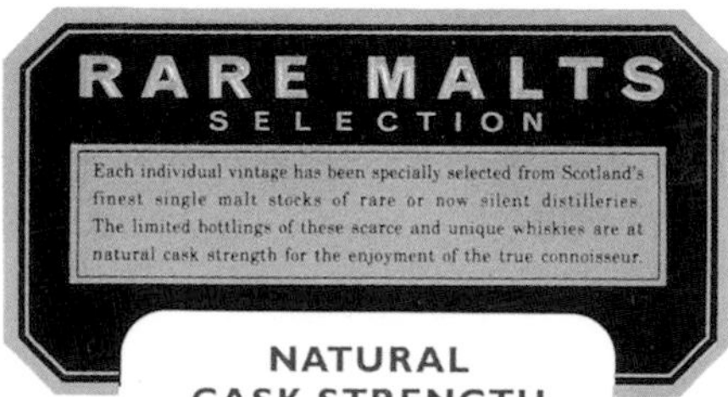
RARE MALTS
SELECTION
Each individual vintage has been specially selected from Scotland's finest single malt stocks of rare or now silent distilleries. The limited bottlings of these scarce and unique whiskies are at natural cask strength for the enjoyment of the true connoisseur.
NATURAL
CASK STRENGTH
SINGLE MALT
SCOTCH WHISKY
AGED 23 YEARS
DISTILLED 1972
GLENDULLAN
DISTILLERY
ESTABLISHED 1897
DUFFTOWN, BANFFSHIRE
PRODUCED AND BOTTLED IN SCOTLAND
LIMITED EDITION
BOTTLE

RARE MALTS
SELECTION
NATURAL
CASK STRENGTH
SINGLE MALT
SCOTCH WHISKY
AGED 22 YEARS
DISTILLED 1972
GLENDULLAN
DISTILLERY
ESTABLISHED 1897
DUFFTOWN BANFFSHIRE
62.6%vol 70cl
PRODUCE OF SCOTLAND
LIMITED EDITION
BOTTLE No 3611

Estd. 1897
Glendullan
PURE Highland MALT
GLENDULLAN
AGED 8 YEARS
DISTILLERY
SCOTCH WHISKY
Distilled Slowly
and Matured for 8 long years in Oak Casks
for the Unique Flavour that is Glendullan
40%vol
DISTILLED & BOTTLED BY
GLENDULLAN DISTILLERY, DUFFTOWN, BANFFSHIRE, SCOTLAND.
70cl e

âges, caractéristiques, distinctions

Glendullan 12 ans d'âge, 43 %

Glendullan 22 ans d'âge (distillé en 1972), 62,6 % tirage limité (Rare Malts Selection de United Distillers)

notes de dégustation

ÂGE 12 ans d'âge, 43 %

NEZ Délicat, un soupçon d'amande.

BOUCHE De chaleureuses saveurs de miel, finale à savourer longuement.

Glen Elgin

SPEYSIDE

GLEN ELGIN DISTILLERY, LONGMOR, ELGIN, MORAYSHIRE IV30 3SL

TÉL : +44 (0) 1343 860212 FAX : +44 (0) 1343 862077

La distillerie de Glen Elgin fut conçue par Charles Doig lors du « boom du whisky » des années 1890 (qui prit fin avec la déconfiture des assembleurs Pattisons de Leith, en 1899). Parmi les propriétaires initiaux figurait William Simpson, ancien directeur de Glenfarclas. Glen Elgin commença à produire le 1er mai 1900. La distillerie fut vendue en 1901 à la Glen Elgin-Glenlivet Co. (la production fut interrompue quelque temps), puis en 1906 à une firme de Glasgow, J.J. Blanche & Co, Ltd. La production continua sur un mode plutôt erratique, jusqu'au rachat de Glen Elgin par la Distillers Company Ltd., en 1930.

la distillerie

- 1898-1900
- United Distillers
- Harry Fox
- Sources locales
- 4 *wash* 3 *spirit*
- NC
- Pas de visites

notes de dégustation

ÂGE	Sans mention d'âge, 43 %
NEZ	Arôme de fumée, un soupçon de miel.
BOUCHE	Moyennement corsé, saveur de tourbe, un soupçon de douceur et une longue finale.

Glenfarclas

SPEYSIDE

J. AND G. GRANT, GLENFARCLAS DISTILLERY, BALLINDALLOCH, BANFFSHIRE AB37 9BD
TÉL : +44 (0) 1807 500245 FAX : +44 (0) 1807 500234

Une licence fut accordée à Glenfarclas en 1836, à la veille de l'accession au trône de la reine Victoria. Cette distillerie fut construite à la ferme de Rechlerich, au pied du Ben Rinnes. En 1865, la distillerie fut rachetée par John Grant. Glenfarclas ne tarda pas à devenir une halte très fréquentée par les meneurs de troupeaux en route pour la foire : les bêtes comme les gens trouvaient à s'y désaltérer !

Distillerie véritablement indépendante, Glenfarclas

la distillerie

- 1836
- J. and G. Grant
- J. Miller
- Source sur le Ben Rinnes
- 3 *wash* 3 *spirit*
- Chêne d'Espagne
- 9 h-16 h 30 lun.-ven. + sam. 10 h-16 h juin-sept.

appartient toujours à la même famille. Nombre des bâtiments d'origine ont été modernisés, le nombre des alambics a été porté de deux à quatre en 1960, puis à six en 1976 (ces alambics, ainsi que le *mash tun*, sont les plus grands du Speyside).

L'espace visiteurs de Glenfarclas est orné de lambris de chêne provenant d'un ancien paquebot australien, le *SS Empress*. Les *single malts* Glenfarclas, déclinés selon des degrés de vieillissement variés (de 10 à 30 ans), vont du cuivre pâle à l'ambre le plus lumineux. Ils sont très estimés des connaisseurs.

âges, caractéristiques, distinctions

Le Glenfarclas est mis en bouteille par la distillerie à 10, 12, 15, 17, 21, 25 et 30 ans d'âge, à 40 % ; le Glenfarclas 105 est un *cask strength* de 60 %

1996, Wine & Spirit International Trophy Winner, Best Highland Single Malt Whisky (Glenfarclas 30 ans d'âge)

notes de dégustation

ÂGE 105, 60 %

Degré de maturation non indiqué, mais aucun Glenfarclas n'est mis en bouteilles avant l'âge de 10 ans.

Unique *malt* de cette force aisément disponible, il possède une chaude couleur dorée.

NEZ Très relevé, dégage un arôme rond et plein de maturité.

BOUCHE Saveur pleine et sucrée, avec des nuances de caramel et un délicieux retour d'arômes – ce n'est pas un *malt* pour les tempéraments délicats.

ÂGE 25 ans d'âge, 43 %

NEZ Un arôme chaleureux, plein de caractère et de promesse.

BOUCHE Maturité immédiatement apparente ; des myriades de saveurs se développent en bouche ; la finale est prolongée, un peu sèche, avec des nuances de chêne.

Un grand whisky de malt.

Glenfiddich

SPEYSIDE

William Grant & Sons Ltd, The Glenfiddich Distillery,
Dufftown, Keith, Banffshire AB55 4DH
tél : +44 (0) 1340 820373 fax : +44 (0) 1340 820805

William Grant, fondateur de William Grant & Sons, était bien décidé à distiller « le meilleur *dram* (breuvage) de la vallée ». En 1886, il construisit Glenfiddich avec sa famille – sept fils et deux filles. Le premier *malt* sortit des alambics le jour de Noël 1887. La distillerie appartient toujours aux descendants directs de William Grant, qui ont à cœur de préserver leur indépendance et produire le meilleur whisky qui soit. La distillation s'effectue selon des méthodes traditionnelles : par exemple, la distillerie de Glenfiddich possède toujours sa propre tonnellerie. En revanche, les installations d'embouteillage sont entièrement automatisées (850 000 caisses de Glenfiddich en sortent chaque année).

La durée de maturation du whisky de malt Glenfiddish n'est pas indiquée (mais elle est de 8 ans au moins). Le

la distillerie

- 1886
- William Grant & Sons Ltd.
- W. White
- Robbie Dubh
- 5 *wash* 8 *spirit* (très petits)
- Chêne (bourbon ou xérès)

- Lun.-vend. (sauf Noël) 9 h 30-16 h 30. + Pâques-mi-oct., sam. 9 h 30-16 h 30, dim. 12 h-16 h 30. Groupes de 12 ou +, tél. au préalable

caractère homogène du Glenfiddich est obtenu en mariant de trois à six mois le contenu de différents tonneaux dans de grandes cuves de bois.

En 1963, Glenfiddich prit la décision inhabituelle de commercialiser son whisky en tant que *single malt*, au Royaume-Uni comme à l'export. Cela souleva tout d'abord le scepticisme des autres distillateurs (qui continuèrent de vendre leur *malt* aux assembleurs), mais un nouveau marché vit ainsi le jour.

Le Glenfiddich Special Old Reserve (*single malt* 40 %), couleur d'or pâle, est vendu dans une bouteille verte à trois faces, très caractéristique.

notes de dégustation

ÂGE Sans mention d'âge, 40 %

NEZ Arôme frais, délicat ; un soupçon de tourbe.

BOUCHE D'abord léger, un peu sec, puis une saveur plus pleine se développe, avec des nuances subtiles, sucrées. Un bon *malt* à boire à toute heure.

âges, caractéristiques, distinctions

Glenfiddich Special Old Reserve, 40 %, mis en bouteille sans mention d'âge (8 ans minimum).

Glenfiddich Special Reserve (cuvées de tonneaux de 8 à 12 ans d'âge)

Glenfiddich Excellence (18 ans d'âge)

Glenfiddich Cask Strength (15 ans d'âge)

1996, MPMA Gold Award : The Glenfiddich Miniature Clan Tins

Glen Garioch

HIGHLAND

OLD MELDRUM, INVERURIE, ABERDEENSHIRE AB51 0ES
TÉL : +44 (0) 1651 872706 FAX : +44 (0) 1651 872578

Les archives attribuent la fondation de Glen Garioch à Thomas Simpson, en 1798; on prétend que celui-ci distillait dès 1785, mais l'on n'est pas sûr Glen Garioch ait bien été le théâtre de ces activités. La vallée de Garioch (Geerie) est très fertile, aussi l'endroit était-il propice à la création d'une distillerie, qu'il était facile d'approvisionner en orge. Cette distillerie passa entre diverses mains avant de fermer en 1968. En 1970, Stanley P. Morrison (Agencies) Ltd. en fit l'acquisition, et augmenta le nombre des alambics.

la distillerie

- 1798
- Morrison-Bowmore Distillers Ltd.
- Ian Fyfe
- Sources sur Percock Hill
- 2 *wash* 2 *spirit*
- Ex-bourbon et sherry
  La force en alcool à la mise en bouteille dépend de l'âge.
- Pas de visites

Le maltage sur aire jouait un rôle important à Glen Garioch, où le surplus de chaleur servait à chauffer des serres. La distillerie a été mise en sommeil en 1995.

Le Glen Garioch, d'or pâle à cuivré, est disponible à différents degrés de vieillissement.

âges, caractéristiques, distinctions

Le Glen Garioch est mis en bouteille sans mention d'âge, à 15 ans et 21 ans.

notes de dégustation

ÂGE Sans mention d'âge, 40 %

NEZ Nuances de tourbe et de fleur d'oranger.

BOUCHE Le goût est d'abord tourbé, puis les saveurs de fruits et de miel entrent en jeu ; le *finish* est long et vif.

ÂGE 15 ans d'âge, 43 %

NEZ Arôme plus chaleureux et fruité, avec des nuances boisées.

BOUCHE Whisky chaleureux, rayonnant ; saveurs d'agrumes et de fumée ; longue et moelleuse finale.

ÂGE 21 ans 43 %

NEZ Miel et tourbe, un soupçon de chocolat.

BOUCHE Bien charpenté, plus sucré, avec des nuances de fumée et une finale chaude et moelleuse. Un bon *malt* digestif.

Glengoyne

HIGHLAND

Glengoyne Distillery, Dumgoyne, Stirlingshire G63 9LB

Tél : +44 (0) 1360 550229 Fax : +44 (0) 1360 550094

En 1833, la distillerie de Burnfoot reçut une licence, et le bail revint à George Connell. De 1851 à 1867 cette distillerie fut la propriété de John McLelland ; Archibald C. McLellan la reprit, puis la vendit en 1876 aux frères Lang. Elle fut rebaptisée Glen Guin, puis Glengoyne en 1905. En 1965, Glengoyne entra dans le groupe Robertson & Baxter. Reconstruite l'année suivante, la distillerie se vit adjoindre un troisième alambic. Située sur le West Highland Way, Glengoyne est une halte appréciée des randonneurs qui vont de Fort William à Glasgow.

Le Glengoyne est un *malt* couleur de vin blanc, dépourvu de tourbe.

la distillerie

1833

Lang Brothers Ltd.

Ian Taylor

Un *burn* (ruisseau) des Campsie Hills

1 *wash* 2 *spirit*

Ex-sherry et réemploi

Lun.-sam. 10 h-16 h, dim. 12 h-16 h

Recommandée par le Scottish Tourist Board

âges, caractéristiques, distinctions

Glengoyne 10, 12 et 17 ans d'âge, 40 %

« Vintage » (millésimé)

12 ans d'âge, 43 % (export)

notes de dégustation

ÂGE 10 ans d'âge, 40 %

NEZ Un arôme net, ensoleillé, floral.

BOUCHE Moyennement charpenté, avec des notes de miel et un léger soupçon de fruits.

Un bon whisky de malt, à consommer à toute heure.

Glen Grant

SPEYSIDE

Glen Grant Distillery, Rothes, Morayshire AB38 7BS

Tél : +44 (0) 1542 783318 Fax : +44 (0) 1542 783306

Glen Grant fut fondée par John et James Grant en 1840. John Grant mourut en 1864. Son frère, juriste, reprit les rênes de la distillerie jusqu'à sa propre disparition, en 1872. Glen Grant fut alors reprise par son fils, le major James Grant. Personnage haut en couleur, le major Grant allait diriger Glen Grant pendant près de soixante ans! Il dota la distillerie d'un beau jardin agrémenté d'une cascade, de mares, de massifs de rhododendrons et de vergers. En 1931, le petit-fils du major, Douglas Mackessack, hérita de la distillerie; il fit de Glen Grant la marque de renom international qu'elle est devenue. En 1961, le Milanais Armando Giovinetti rentra chez lui avec cinquante caisses de Glen Grant de 5 ans d'âge... Aujourd'hui, Glen Grant est la première marque de whisky en Italie.

la distillerie

1840

The Seagram Co. Ltd.

Willie Mearns

The Caperdonich Well

4 *wash* 4 *spirit*

NC

Mi-mars-fin oct., lun.-sam. 10 h-16 h, dim. 11 h 30-16 h; horaires d'été juin-fin sept., lun.-sam. 10 h-17 h, dim. 11 h 30-17 h

âges, caractéristiques, distinctions

Le Glen Grant est commercialisé sans mention d'âge, à 40 %, au R.-U., et à 5 ans d'âge pour l'exportation

notes de dégustation

ÂGE Sans mention d'âge, 40 %

NEZ Sec, légèrement âcre.

BOUCHE Un *malt* sec, léger, avec un léger soupçon de fruit en finale.

Glen Keith

SPEYSIDE

Glen Keith Distillery, Station Road, Keith, Banffshire AB55 3BU
Tél : +44 (0) 1542 783042 Fax : +44 (0) 1542 783056

Glen Keith, l'une des premières distilleries créées au XXe siècle, a été construite en 1958 sur le site d'un moulin. Ses beaux bâtiments de pierre se dressent près des ruines du château de Milton et d'une jolie cascade. Initialement dotée de trois alambics (dans le but de pratiquer la triple distillation), elle reçut en 1879 le premier alambic à gaz d'Écosse.

Le Glen Keith est employé dans l'élaboration d'assemblages de qualité, dont le « Passport » (une présentation audiovisuelle, intitulée « Passport Experience », relate l'histoire de ce *blend* à l'intention des visiteurs de la distillerie). Seagram commercialise aussi le Glen Keith dans sa gamme « Heritage Selection ».

la distillerie

- 1958
- The Seagram Co. Ltd.
- Norman Green
- Sources sur Balloch Hill
- 3 *wash* 3 *spirit*
- NC
- Sur RDV (tél. au préalable)

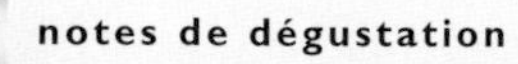

notes de dégustation

ÂGE 1983, 43 %

NEZ Chaleureux, parfumé, notes de chêne et de tourbe.

BOUCHE Un whisky de malt délicat, fruité ; note de caramel et longue finale moyennement puissante.

Glenkinchie

LOWLAND

Glenkinchie Distillery, Pentcaitland, East Lothian EH34 5ET
Tél : +44 (0) 1875 340333 Fax : +44 (0) 1875 340854

Glenkinchie fut fondée en 1837 par John et George Rate, qui dirigeaient la distillerie sous le nom de Milton de 1825 à 1833. La production cessa en 1853 ; après une transformation en scierie, la distillerie reprit ses droits en 1880 sous la houlette d'une groupe d'hommes d'affaires. En 1890 fut créée la Glenkinchie Distillery Co., qui entreprit de reconstruire entièrement la distillerie. En 1914, la société fut intégrée à la Scottish Malt Distillers Ltd.

En 1968, Glenkinchie cessa de malter son orge. À cette époque, les distilleries du groupe se défaisaient d'une grande partie de leur équipement. Le Museum of Malt Whisky Production, créé dans les anciens locaux de maltage, comprend une maquette de distillerie de whisky de malt des Highlands.

La distillerie de Glenkinchie, dont le site est parfaitement entretenu, accueille des visiteurs toute l'année.

Le Glenkinchie est un *malt* de couleur pâle.

la distillerie

1837
United Distillers
Brian Bisset
Lammermuir Hills
1 *wash* 1 *spirit*
NC
Lun.-ven.
9 h 30-16 h –
Museum of Malt Whisky Production

âges, caractéristiques, distinctions

Le Glenkinchie 10 ans d'âge, 43 %, est commercialisé par United Distillers au sein de la gamme « Classic Malt ».

notes de dégustation

ÂGE 10 ans d'âge, 43 %

NEZ Miel et fleur d'oranger.

BOUCHE Un whisky moelleux, léger, rond en bouche, légèrement sucré et fumé, avec une longue finale. Un *malt* à savourer à toute heure.

The Glenlivet

SPEYSIDE

THE GLENLIVET DISTILLERY, BALLINDALLOCH, BANFFSHIRE AB37 9DB
TÉL : +44 (0) 1542 783220

The Glenlivet fut la première distillerie à obtenir une licence aux termes de la loi de 1823 (instaurant une taxation sur des bases telles que la distillation légale devînt économiquement viable). The Glenlivet fut fondée en 1824 à Upper Drumin Farm par George Smith, dont le propriétaire, le duc de Gordon, vit là une source d'emplois pour le secteur. Smith dut tout d'abord lutter contre ses voisins, des distillateurs clandestins désireux d'incendier sa distillerie. Ses pistolets, aujourd'hui fièrement

la distillerie

- 1824
- The Seagram Co. Ltd.
- Jim Cryle
- Josie's Well
- 4 *wash* 4 *spirit*
- NC
- Mi-mars-fin oct. lun.-sam. 10 h-16 h, dim. 12 h 30-16 h; juil.-août t.l.j. jusqu'à 18 h

exposés au centre d'accueil de The Glenlivet, furent convaincants...

En 1858, George Smith et son fils John construisirent une nouvelle distillerie à Minmore Farm. The Glenlivet demeura dans la famille Smith jusqu'en 1975, date de la disparition du propriétaire, le capitaine Bill Smith. Le rachat par The Seagram Co. Ltd. intervint deux ans plus tard.

De nombreuses distilleries emploient l'appellation « Glenlivet », mais celle-ci est la seule à pouvoir revendiquer le nom de « *The* Glenlivet ».

âges, caractéristiques, distinctions

The Glenlivet 12, 18 et 21 ans d'âge.

Mille bouteilles de 18 ans d'âge en vente seulement au R.-U.

1995, IWSC Best Single Malt Scotch Whisky Trophy : *malts* de plus de 12 ans d'âge – 18 ans d'âge The Glenlivet

notes de dégustation

ÂGE 12 ans d'âge, 40 %

NEZ Très parfumé, notes fruitées.

BOUCHE Un superbe whisky de malt, moyennement charpenté ; saveur douce, évoquant le sherry ; fin de bouche persistante.

ÂGE 18 ans d'âge, 43 %

NEZ Un riche arôme comprenant caramel et tourbe.

BOUCHE Somptueuse richesse, sec cependant, avec des notes de fruits et de tourbe, et une finale à la fois suave et épicée. D'une qualité rare.

Glenlossie

SPEYSIDE

GLENLOSSIE DISTILLERY, ELGIN, MORAYSHIRE IV30 3SS

TÉL : +44 (0) 1343 860331 FAX : +44 (0) 1343 860302

La distillerie de Glenlossie, attenante à Mannochmore, est située près d'Elgin, dont le nom est presque synonyme de whisky. John Duff la créa en 1876 avec John Hopkins, qui cessa d'y travailler en 1888. Une nouvelle société fut constituée, sous le nom de Glenlossie-Glenlivet Distillery, qui allait être reprise par Scottish Malt Distillers en 1919. En 1962, le nombre des alambics fut porté de quatre à six. Les *spirit stills* sont pourvus de purificateurs, ce qui confère une qualité particulière à ce *malt* frais et léger dont la couleur mêle le citron et l'or.

la distillerie

- 1876
- United Distillers
- Harry Fox
- The Bardon Burn
- 3 *wash* 3 *spirit*
- NC
- Pas de visites

âges, caractéristiques, distinctions

Glenlossie 10 ans d'âge, 43 %

notes de dégustation

ÂGE 10 ans d'âge, 43 %

NEZ Arôme frais et léger, avec un délicieux soupçon de miel et d'épices.

BOUCHE Moelleux, des notes de miel, de fumée, une nuance de chêne.

SPEYSIDE

SINGLE MALT *SCOTCH WHISKY*

The three *spirit stills* at the

GLENLOSSIE

distillery have *purifiers* installed between the *lyne arm* and the *condenser*. This has a bearing on the *character* of the *single MALT SCOTCH WHISKY* produced which has a *fresh, grassy* aroma and a *smooth*, lingering flavour. Built in 1876 by *John Duff*, the *distillery* lies four miles *south* of ELGIN in *Morayshire*.

AGED 10 YEARS

43% vol Distilled & Bottled in SCOTLAND. GLENLOSSIE DISTILLERY, Elgin, Moray, Scotland 70 cl

18ans ▽ 186

Glenmorangie

HIGHLAND

ORANGIE DISTILLERY, TAIN, ROSS-SHIRE IV19 1PZ

44 (0) 1862 892043 FAX : +44 (0) 1862 893862

La distillerie de Tain reçut sa licence en 1843. William Mathieson distilla son premier alcool en 1849, dans des locaux qui étaient initialement ceux d'une brasserie gérée par McKenzie & Gallie. En 1880, l'*Inverness Advertiser* notait : « Nous avons observé l'autre jour l'expédition vers Rome d'un tonneau de whisky de la Glenmorangie Distillery, de même que plusieurs tonneaux destinés à San Francisco. » En 1887, la société fut restructurée sous le nom de Glenmorangie Distillery Co. Ltd. ; le contrôle en échut en 1920 à Macdonald & Muir. Reconstruite en 1979, la distillerie a vu le nombre de ses alambics passer de deux à quatre.

En 1996, la nouvelle gamme « Wood Finish » a été lancée en hommage au 80e anniversaire de l'ancien Premier ministre britannique sir Edward Heath. Ces whiskies spéciaux célèbrent l'activité de Macdonald & Muir dans le domaine

la distillerie

- 1843
- Glenmorangie Plc.
- Bill Lumsden
- Sources de Tarlogie
- 4 *wash* 4 *spirit*
- Anciens tonneaux de madère, porto ou sherry
- Avr.-oct., lun.-ven., 10 h-16 h ; visites guidées à 10 h 30 et 14 h 30. Nov.-mars, lun.-ven. 14 h-18 h ; visite guidée à 14 h 30, ou tél. au préalable au 01862 892477. Entrée payante.

du négoce de sherry, porto, madère et bordeaux, activité qui perdura jusque dans les années soixante.

La coloration des *malts* va du miel doré à l'ambre doré et au cuivre teinté de rose et d'or.

notes de dégustation

ÂGE Madeira Wood Finish, 12 ans d'âge, 43 %

NEZ Frais et doux, un soupçon de noisette et d'agrumes.

BOUCHE Épices, notes d'agrumes et de miel, finale sèche.

ÂGE Port Wood Finish, 12 ans d'âge, 43 %

NEZ Senteur de caramel, chaleureux et frais à la fois.

BOUCHE Plein et moelleux, avec des nuances d'agrumes et d'épices.

ÂGE Sherry Wood Finish, 12 ans d'âge, 43 %

NEZ Arômes de sherry, de malt et de miel.

BOUCHE Charpenté, sherry et épices, longue finale parfumée.

Glen Moray

SPEYSIDE

GLEN MORAY DISTILLERY, ELGIN, MORAYSHIRE IV30 1YE
TÉL : +44 (0) 1343 542577 FAX : +44 (0) 1343 546195

Glen Moray se situe au cœur de l'une des régions agricoles les plus fertiles d'Écosse. Cette distillerie vit le jour en tant que brasserie, avant d'être transformée en 1897 par la Glen Moray Glenlivet Distillery Co. Ltd. La vieille route d'Elgin traverse la distillerie, en un lieu consacré aux exécutions jusqu'à la fin du XVIIe siècle. La distillerie ferma ses portes en 1910, pour les rouvrir sous l'impulsion de Macdonald and Muir Ltd. en 1923. Glen Moray semble comme hors du temps : avec ses bâtiments construits autour d'une cour centrale, la distillerie évoque fortement une vieille ferme des Highlands.

la distillerie

- 1897
- Glenmorangie Plc.
- Edwin Dodson
- River Lossie
- 2 *wash* 2 *spirit*
- NC
- Sur RDV (tél. au préalable)

notes de dégustation

ÂGE	Glen Moray, 12 ans d'âge, 40 %
NEZ	Délicat, légères senteurs estivales.
BOUCHE	Moyennement charpenté, un soupçon de tourbe, finale chaude, légèrement sucrée. Un bon *malt* digestif.

âges, caractéristiques, distinctions

Glen Moray 12 ans d'âge, 40 %, en cylindre bleu spécial.

Glen Moray 16 ans d'âge, 43 %, en boîte métallique « The Black Watch Highland Regiment »

Glen Ord

HIGHLAND

GLEN ORD DISTILLERY, MUIR OF ORD, ROSS-SHIRE IV6 7UJ
TÉL : +44 (0) 1463 870421 FAX : +44 (0) 1463 870101

La distillerie d'Ord fut fondée en 1838 par Robert Johnstone et Donald McLennan, dans un secteur où neuf autres petits alambics fonctionnaient officiellement. En 1860, Alexander McLennan fit l'acquisition d'Ord, avant de faire faillite en 1871. La distillerie revint à sa veuve, qui plus tard se remaria avec Alexander McKenzie. Celui-ci dirigea l'affaire jusqu'en 1887, puis des assembleurs de Dundee – James Watson & Co.

– en firent l'acquisition. En 1925, Glen Ord fut intégré à la Distillers Company.

Le procédé Saladin supplanta le maltage traditionnel en 1961, cinq ans avant que la distillerie ne soit en grande partie reconstruite.

la distillerie

1838
United Distillers
Kenny Gray
Lochs Nan Eun
et Nan Bonnach
3 wash 3 spirit
NC
Lun.-ven. 9 h 30-16 h 30

âges, caractéristiques, distinctions

Glen Ord 12 ans d'âge, 40 %

ASVA Commended Exhibition

IWSC, Best Single Malt

(jusqu'à 15 ans d'âge)

Grand Gold Medal, Sélection du Monde

notes de dégustation

ÂGE 12 ans d'âge, 40 %

NEZ Plein, chaud, épicé.

BOUCHE Puissante saveur de caramel et de muscade, un *finish* moelleux et prolongé. Essayez le Glen Ord dans un cocktail.

enrothes

SPEYSIDE

LLERY, ROTHES, MORAYSHIRE AB38 7AA
0 872300 FAX : +44 (0) 1340 872172

La distillerie Glenrothes [illegible] construite en 1878 par W. Grant & Co. au bord du Burn of Rothes, ruisseau qui descend des Mannoch Hills. La production commença le dimanche 28 décembre 1879. En 1887, la distillerie Glenrothes fusionna avec la Islay Distillery Company, propriétaire de la Bunnahabhain, pour constituer la Highland Distilleries Co. Ltd. L'eau provient du Lady's Well, le Puits de la Dame, à l'emplacement duquel la fille unique du comte de Rothes fut au XIVe siècle assassinée par « le Loup de Babenoch » alors qu'elle tentait de sauver la vie de son amant.

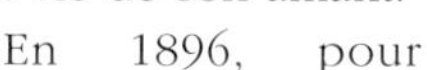

En 1896, pour répondre à une demande croissante, la distillerie fut agrandie. En 1922, à la suite d'un incendie dans l'entrepôt, le whisky se déversa dans le Burn of Rothes (la population locale – et quelques vaches – en auraient profité pour se désaltérer au ruisseau !). Le nombre des alambics fut porté de quatre à six en 1963, puis à dix en 1980.

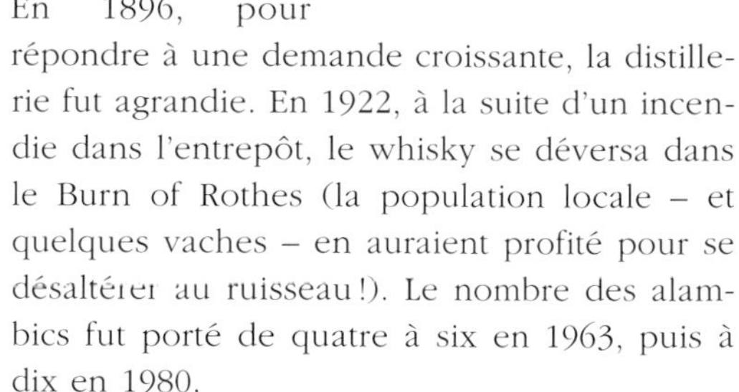

la distillerie

- 1878
- Highland Distilleries Co. Plc.
- A. B. Lawtie
- The Lady's Well
- 5 *wash* 5 *spirit*
- Assortiment variable de fûts de réemploi, de sherry, et ex-bourbon
- Sur invitation seulement

THE
GLENROTHES
ESTD LIMITED RELEASE 1879
SINGLE SPEYSIDE MALT
Scotch Whisky

The Glenrothes Vintage est commercialisé par Berry Bros. & Rudd of London, qui vendent aussi leur propre *blend*, Cutty Sark. Le Glenrothes est utilisé depuis fort longtemps par les assembleurs.

La robe des *malts* va de l'or le plus pâle au miel et à l'ambre.

âges, caractéristiques, distinctions

Berry Bros. commercialise des Glenrothes millésimés de 1972, 1979, 1982 et 1984.
Le millésime 1972 est un tirage limité provenant de fûts de sherry.
Le millésime 1979 n'est pour l'heure commercialisé qu'aux États-Unis.
De nouveaux millésimes sont proposés à partir de 1997 : par exemple, le 1985 remplace le 1984, et le 1982 remplace le 1979 sur le marché américain.

notes de dégustation

ÂGE 1972, 43 %

NEZ Plein arôme de caramel et d'épices.

BOUCHE Corsé, de chaudes notes de chêne et de miel.
Finale longue, riche et douce.

ÂGE 1979, 43 %

NEZ Caramel tiède, des nuances de chocolat.

BOUCHE Moyennement corsé, savoureux, notes de caramel au beurre et d'orange, un *finish* prolongé de miel et d'agrumes.

ÂGE 1982, 43 %

NEZ Chaleureux arôme de caramel.

BOUCHE Saveur pleine, de caramel au beurre et de vanille ; une finale persistante et savoureuse.

ÂGE 1984, 43 %

NEZ Arôme raffiné, de sherry, de vanille et de malt.

BOUCHE Moelleux, moyennement charpenté ; saveurs de fruits tropicaux et de malt ; une finale longue et moelleuse.
Un bon whisky digestif.

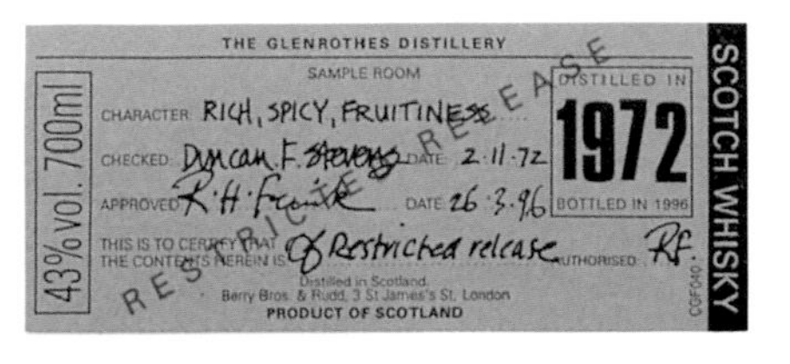

Glentauchers

SPEYSIDE

GLENTAUCHERS DISTILLERY, MULBEN, KEITH, BANFFSHIRE AB55 6YL

TÉL : +44 (0) 1542 860272 FAX : +44 (0) 1542 860327

C'est en mai 1897 que fut posée la première pierre de la distillerie Glentauchers ; la distillation commença l'année suivante, sous l'égide de la Glentauchers Distillery Co., société formée par trois associés de la firme d'assemblage W. P. Lowrie & Co. Ltd. et James Buchanan & Co. Ltd. D'importants travaux furent effectués en 1965-1966 (le nombre des alambics étant porté de deux à six).

Mise en sommeil par United Distillers en 1985, la distillerie a été rachetée par Allied Distillers en 1989. Ses whiskies de malt sont avant tout destinés à l'élaboration d'assemblages, aussi ne trouve-t-on que des petites quantités de ce *single malt* à la robe irisée chez les détaillants spécialisés.

la distillerie

- 1897
- Allied Distillers Ltd.
- William G. Wright
- Retenue alimentée par le Rosarie Burn
- 3 *wash* 3 *spirit*
- Tonneaux de réemploi
- Pas de visites

notes de dégustation

ÂGE 1979, 40 %

NEZ Aromatique, léger, notes de miel.

BOUCHE Un *malt* léger, facile, à la finale discrète et sèche.

Glenturret

HIGHLAND

GLENTURRET DISTILLERY, THE HOSH, CRIEFF, PERTHSHIRE PH7 4HA
TÉL : +44 (0) 1764 656565 FAX : +44 (0) 1764 654366

Construite en 1775, Glenturret est la plus ancienne distillerie de whisky de malt des Highlands. Des recherches historiques ont montré que l'on distillait dans ce secteur dès 1717, mais aussi qu'au XIXe siècle deux distilleries des environs portaient ce même nom (en 1852, seule l'une des deux fonctionnait encore). Glenturret est l'une des plus petites distilleries d'Écosse, située près du Turret Burn, ruisseau qui provient du Loch Turret aux eaux fraîches et limpides. Pénétrant dans la vallée *(glen)* en 1887, Alfred Barnard y vit « la cheminée de 120 pieds de haut, utilisée en liaison avec les alambics et les chaudières ».

Aujourd'hui filiale de Highland Distilleries, Glenturret reçoit 200 000 visiteurs environ par an.

la distillerie

1775
The Highland Distilleries Co. Plc.
Neil Cameron
Loch Turret
1 *wash* 1 *spirit*
Fûts de bourbon et de sherry, en chêne
Lun.-sam. 9 h 30-16 h 30 ; janv.-févr. lun.-ven. 11 h 30-14 h 30.

notes de dégustation

ÂGE 12 ans d'âge, 40 %

NEZ Aromatique, des nuances de sherry et de caramel.

BOUCHE Bien charpenté ; avec un *finish* prolongé.

ÂGE 15 ans d'âge, 40 %

NEZ Vif, frais et suave à la fois.

BOUCHE Une saveur très pleine, d'angélique et d'épices ; une finale fruitée, persistante.

âges, caractéristiques, distinctions

Glenturret 12, 15, 18 et 21 ans d'âge – mise en bouteille spéciale (occasionnellement)

Glenturret Malt Whisky Liqueur, 35 %

1974, 1981, 1991, IWSC Gold Medal

Sélection du Monde, Bruxelles

Gold Medal 1990, 1991, 1994

Multiples autres distinctions

SCOTLAND'S MALT WHISKY
REGIONS
Mull Head
NORTH RONALDSAY
NORTH RONALDSAY FIRTH
THE NORTH SOUND
WESTRAY
SANDAY
WESTRAY FIRTH
PEAT CUTTING
EDAY
SANDAY SOUND
ROUSAY
HIGHLAND PARK
SINGLE MALT SCOTCH WHISKY
ORKNEY ISLANDS
STRONSAY
MAINLAND
STRONSAY FIRTH
AUSKERRY SOUND
WIDE FIRTH
Highland Park Distillery
Kirkwall
HOY SOUND
Old Man of Hoy
Rora Head
SCAPA FLOW
HOY
SOUTH RONALDSAY
PENTLAND FIRTH
STANDING STONE
HIGHLAND PARK CIRCA 1890
THE ORKNEY ISLES
ORKNEY
© Crown Copyright

âges, caractéristiques, distinctions

Highland Park 12 ans d'âge, 40 %
(Highland Distilleries)
8 ans d'âge 40 %, 57 % et *cask strength*
1984 (Gordon & MacPhail)

notes de dégustation

ÂGE 12 ans d'âge, 40 %

NEZ Arôme riche, fumé, un soupçon de miel.

BOUCHE Un *malt* somptueux, rond, riche en nuances de bruyère, de tourbe et de noisette.
Fin de bouche sèche et douce à la fois.
Délicieux en digestif.

Imperial

SPEYSIDE

IMPERIAL DISTILLERY, CARRON BY ABERLOUR, BANFFSHIRE AB43 9QP

TÉL : +44 (0) 1340 810276 FAX : +44 (0) 1340 810563

Construite en 1897 par Thomas Mackenzie, la distillerie Imperial passa dès l'année suivante aux mains de la société Dailuaine Talisker Distilleries Ltd. Elle occupe un site au bord de la Spey, à environ 5 km au sud-ouest d'Aberlour.

Après avoir connu des hauts et des bas, la distillerie fut remise en état dans les années 1960, et exploita le procédé de maltage Saladin jusqu'en 1984. Elle ferma l'année suivante, pour reprendre la production en 1989, date de son rachat par Allied distillers.

L'Imperial est un whisky de malt dans la pure tradition des Highlands, fort apprécié des connaisseurs comme des assembleurs, rare sous forme de *single malt*.

la distillerie

- 1897
- Allied Distillers Ltd.
- R. S. MacDonald
- The Ballintomb Burn
- 2 *wash* 2 *spirit*
- Anciens fûts de bourbon
- Sur RDV (tél. au préalable)

notes de dégustation

ÂGE 1979, 40 %

NEZ Arôme délicieux, de fleurs et de fumée.

BOUCHE Un excellent *malt*, doux, moelleux, sans âpreté. Délicieuse et suave finale. Un *single malt* difficile à trouver dans le commerce.

Inchgower

SPEYSIDE

INCHGOWER DISTILLERY, BUCKIE, BANFFSHIRE AB56 2AB
TÉL : +44 (0) 1542 831161 FAX : +44 (0) 1542 834531

Alexander Wilson fonda en 1872 la distillerie d'Inchgower pour remplacer celle de Tochineal, qu'il avait créée en 1832 (et dont les bâtiments ont subsisté). Inchgower entra en liquidation en 1930, fut rachetée en 1936 par la municipalité de Buckie et en 1938 par Arthur Bell & Sons Ltd. Le nombre des alambics fut porté de deux à quatre en 1966. Inchgower appartient aujourd'hui à la Distillers Company Ltd.

Buckie est près de l'embouchure de la Spey, ce qui explique la présence d'un huîtrier sur l'étiquette d'Inchgower.

la distillerie

- 1872
- United Distillers
- Douglas Cameron
- Sources dans les Menduff Hills
- 2 *wash* 2 *spirit*
- NC
- Pas de visites

INCHGOWER

notes de dégustation

ÂGE 14 ans d'âge, 43 %

NEZ Doux, un soupçon de pomme.

BOUCHE Moyennement corsé, épicé ; finale douce et légère.

âges, caractéristiques, distinctions

Inchgower 14 ans d'âge, 43 %

Inchmurrin

HIGHLAND

Loch Lomond Distillery, Alexandria, Dunbartonshire G83 0TL

Tél : +44 (0) 1389 752781 Fax : +44 (0) 1389 757977

La distillerie d'Inchmurrin a été fondée en 1966 par la Littlemill Distillery Co. Ltd., entreprise réunissant Duncan Thomas et la firme américaine Barton Brands. Deux types de *single malt* étaient produits par Littlemill : Inchmurrin et Rosdhu. En 1971, Barton Brands prit le contrôle exclusif de la société et construisit de nouvelles installations d'assemblage et d'embouteillage, mais la distillerie ferma en 1984. Inchmurrin rouvrit en 1987.

Le *single malt* Inchmurrin se caractérise par sa couleur très pâle.

la distillerie

1966

Loch Lomond Distillery Co. Ltd.

J. Peterson

Loch Lomond

2 *wash* 2 *spirit*

NC

Pas de visites

notes de dégustation

ÂGE	10 ans d'âge, 40 %
NEZ	Malté, épicé.
BOUCHE	Léger et épicé ; un soupçon de citron et une fin de bouche brève.

Isle of Jura

HIGHLAND – JURA

ISLE OF JURA DISTILLERY, CRAIGHOUSE, JURA, ARGYLLSHIRE PA60 7XT

TÉL : +44 (0) 1496 820240 FAX : +44 (0) 1496 820344

Sur la côte ouest de l'Écosse, au-delà du détroit d'Islay, se dressent les pics montagneux des Paps of Jura. Jura est l'une des îles écossaises les moins peuplées, qui ne compte guère que 200 habitants. La distillerie en est l'un des principaux employeurs.

On pense que la production de whisky a commencé dès la fin du XVIe siècle à Jura, dont la situation isolée favorisait la distillation clandestine. La « Isle of Jura Distillery », fondée en 1810, a connu des propriétaires variés, et des périodes d'inactivité.

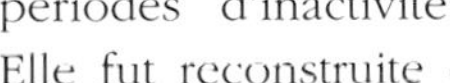

Elle fut reconstruite en 1876, puis au début des années 1960. Elle fait aujourd'hui partie du groupe Whyte & Mackay.

la distillerie

- 1810
- The Whyte & Mackay Group Plc.
- Willie Tait
- Market Loch
- 2 *wash* 2 *spirit*
- Chêne blanc d'Amérique
- Sur RDV (tél. au préalable)

notes de dégustation

ÂGE	10 ans d'âge, 40 %
NEZ	Un *malt* doré à l'arôme tourbé.
BOUCHE	Léger, convient pour l'apéritif, mais dégage une saveur pleine, aux nuances de miel et de fumée.

Knockando

SPEYSIDE

KNOCKANDO DISTILLERY, KNOCKANDO, MORAYSHIRE AB38 7RT
TÉL : +44 (0) 1340 810205 FAX : +44 (0) 1340 810369

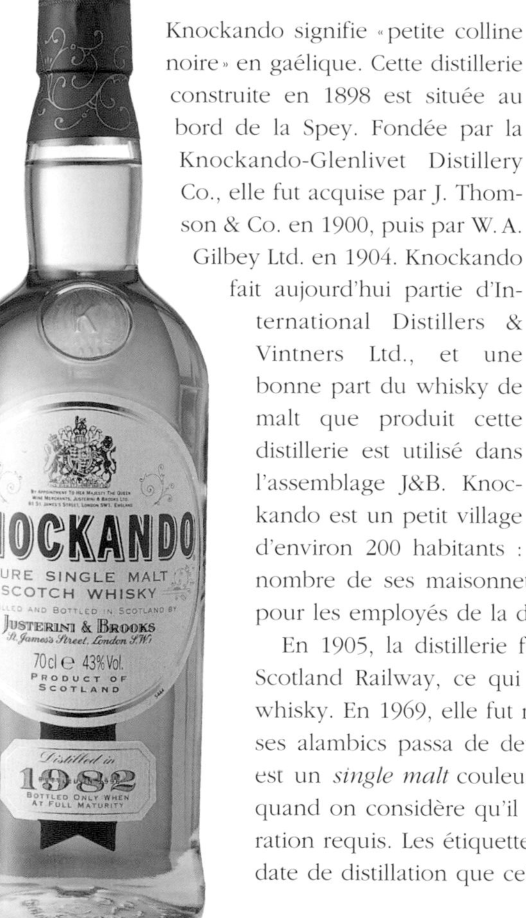

Knockando signifie « petite colline noire » en gaélique. Cette distillerie construite en 1898 est située au bord de la Spey. Fondée par la Knockando-Glenlivet Distillery Co., elle fut acquise par J. Thomson & Co. en 1900, puis par W. A. Gilbey Ltd. en 1904. Knockando fait aujourd'hui partie d'International Distillers & Vintners Ltd., et une bonne part du whisky de malt que produit cette distillerie est utilisé dans l'assemblage J&B. Knockando est un petit village d'environ 200 habitants : nombre de ses maisonnettes furent à l'origine bâties pour les employés de la distillerie.

En 1905, la distillerie fut reliée au Great North of Scotland Railway, ce qui facilita l'expédition de son whisky. En 1969, elle fut reconstruite et le nombre de ses alambics passa de deux à quatre. Le Knockando est un *single malt* couleur d'or pur, mis en bouteille quand on considère qu'il a atteint le niveau de maturation requis. Les étiquettes mentionnent aussi bien la date de distillation que celle de mise en bouteille.

la distillerie

1898

International Distillers & Vintners Ltd.

Innes A. Shaw

Cardnach Spring

2 *wash* 2 *spirit*

Ex-bourbon et sherry

Sur RDV (tél. au préalable)

âges, caractéristiques, distinctions

Knockando, au moins 12 ans de vieillissement

Knockando Special Selection,
au moins 15 ans de vieillissement

Knockando Extra Old,
au moins 20 ans de vieillissement

notes de dégustation

ÂGE Distillé en 1982, mis en bouteille en 1996, 43 %

NEZ Parfumé, épicé.

BOUCHE Une saveur sirupeuse, avec des nuances d'épices, de vanille et d'aveline.

Lagavulin

ISLAY

LAGAVULIN DISTILLERY, PORT ELLEN, ISLAY, ARGYLL PA42 7DZ
TÉL : +44 (0) 1496 302400 FAX : +44 (0) 1496 302321

À l'origine, il y avait deux distilleries à Lagavulin. La première fut construite en 1816 par John Johnston, qui produisit du whisky jusqu'en 1833; la seconde fut créée par Archibald Campbell en 1817, qui cessa son activité en 1821. John Johnston occupa les deux établissements de 1825 à 1834.

La distillation clandestine était certainement beaucoup plus ancienne. Alfred Barnard écrivit en 1887 que la distillation était «l'emploi principal des fermiers et des pêcheurs, surtout en hiver. À cette époque, tout contrebandier pouvait gagner au moins dix shillings par jour, et entretenir un cheval et une vache.»

En 1837, il ne restait plus qu'une distillerie, possession de Donald Johnston. John Graham en fit l'acquisition en 1852 puis, après divers changements de propriétaires, Lagavulin intégra la Distillers Company.

la distillerie

- 1816
- United Distillers
- Mike Nicolson
- Solum Lochs
- 2 *wash* 2 *spirit*
- NC
- Sur RDV (tél. au 01496 302250)

âges, caractéristiques, distinctions

Lagavulin 16 ans d'âge, 45 %
(commercialisé par United Distillers
au sein de la gamme « Classic Malt »)
1995, 1996, IWSC Gold Award

Lagavulin, située sur une baie à Port Ellen, se servait de petits caboteurs pour transporter l'orge, le charbon et les tonneaux vides de Glasgow ; ceux-ci repartaient chargés de fûts pleins. Ces *pibrochs* furent employés jusqu'au début des années 1970, puis supplantés par des rouliers.

notes de dégustation

ÂGE	16 ans d'âge, 43 %
NEZ	Arôme tourbé très puissant.
BOUCHE	Une saveur de tourbe, pleine, relevée, avec des nuances de douceur et une longue finale. Parfait en digestif.

Laphroaig

ISLAY

LAPHROAIG DISTILLERY, PORT ELLEN, ISLE OF ISLAY PA42 7DU
TÉL : +44 (0) 1496 302418 FAX : +44 (0) 1496 302496

La distillerie de Laphroaig fut fondée en 1815 par Alexander et Donald Johnston, qui commencèrent à cultiver la terre à Laphroaig vers 1810. Les premiers documents indiquant que Donald Johnston pratiquait la distillation remontent à 1826. La distillerie resta propriété familiale jusqu'en 1908, date à laquelle Ian Hunter la céda à une certaine Bessie Williamson, première femme à diriger seule une distillerie de whisky de malt en Écosse. Le Laphroaig présente une saveur particulière, qui lui valut d'être autorisé à la vente aux États-Unis lors de la Prohibition, pour son caractère « médicinal ». C'est aujourd'hui l'un des *single malts* d'Allied Distillers.

La distillerie occupe un site idyllique, près de la grève, que viennent visiter loutres et cygnes. Actuellement, on trouve dans chaque bouteille de Laphroaig une invitation à prendre possession d'« un pied carré » (926 cm) d'un terrain contigu à la distillerie… qui compte désormais des milliers de fiers propriétaires.

la distillerie

- 1815
- Allied Distillers Ltd.
- Iain Henderson
- Kilbride Dam
- 3 *wash* 4 *spirit*
- Fûts de bourbon américain (premier remplissage)
- Sur RDV (tél. au préalable)

Laphroaig est l'une des rares distilleries à malter soi-même son orge, qui est séchée en *kiln* sur feu de tourbe locale. Le Laphroaig est d'une vibrante couleur dorée.

notes de dégustation

ÂGE 10 ans d'âge, 40 %

NEZ Arôme reconnaissable, plein, tourbé, légèrement médicinal.

BOUCHE Un whisky de malt bien charpenté ; la saveur de tourbe initiale évolue vers une certaine suavité. La finale est longue, sèche, légèrement saline.

âges, caractéristiques, distinctions

Le Laphroaig est mis en bouteille à 10 et 15 ans d'âge.

Millésime 1976 : 5 400 bouteilles, dont certaines en vente dans les boutiques « duty free ».

Fournisseur de S.A.R. le prince de Galles.

1994, Queen's Award for Export Achievement.

1993, IWSC Gold Medal (10 ans d'âge)

1995, IWSC Gold Medal (15 ans d'âge)

Linkwood

SPEYSIDE

LINKWOOD DISTILLERY, ELGIN, MORAYSHIRE IV30 3RD

TÉL : +44 (0) 1343 547004 FAX : +44 (0) 1343 549449

La distillerie de Linkwood fut créée en 1825 par Peter Brown, agent des Domaines Seafield dans le Morayshire et le Banffshire. Son père cultivait la terre à Linkwood, aussi peut-on penser qu'une bonne part de l'orge provenait de cette exploitation, et que les déchets produits par la distillerie servaient à nourrir les bêtes. En 1872, la distillerie fut reconstruite par William Brown, fils de Peter. L'année 1897 vit la création de la société Linkwood-Glenlivet Distillery Co. Ltd., qui fut ensuite absorbée par Scottish Malt Distillers. Le nombre des alambics de Linkwood fut porté de deux à six en 1971.

la distillerie

- 1825
- United Distillers
- Ian Millar
- Sources proches du Milbuies Loch
- 3 *wash* 3 *spirit*
- NC
- Sur RDV seulement

âges, caractéristiques, distinctions
Linkwood 12 ans d'âge, 43 % (commercialisé par United Distillers au Linkwood), 20 ans d'âge (distillé en 1972), 58,4 %, tirage limité (Rare Malts Selection de United Distillers)

SPEYSIDE
SINGLE MALT
SCOTCH WHISKY

LINKWOOD

distillery stands on the *River Lossie*, close to *ELGIN* in *Speyside*. The *distillery* has retained its *traditional atmosphere* since its *establishment* in 1821. Great care has always been taken to *safeguard* the character of the *whisky* which has remained the same through the years. Linkwood is one of the *FINEST* *Single Malt Scotch Whiskies* available - *full bodied* with a *hint* of *sweetness* and a *slightly smoky aroma*.

YEARS 12 OLD

43% vol — Distilled & Bottled in *SCOTLAND*. LINKWOOD DISTILLERY Elgin, Moray, *Scotland*. — 70 cl

notes de dégustation

ÂGE 20 ans d'âge, distillé en 1972, 58,4 %

NEZ Arôme très plein, notes de fruits et de caramel.

BOUCHE Un whisky de malt charpenté ; saveur de miel, soupçon de tourbe, longue et suave finale.

Longmorn

SPEYSIDE

LONGMORN DISTILLERY, LONGMORN NEAR ELGIN, MORAYSHIRE IV30 3SJ

TÉL : +44 (0) 1542 783400 FAX : +44 (0) 1542 783404

La distillerie de Longmorn fut construite en 1894 par Charles Shirres, George Thomson et John Duff. L'énergie était fournie par une grande roue hydraulique, et la distillation commença en décembre 1894. Trois ans plus tard naquit la Longmorn Distilleries Co., propriétaire de Benrioach et de Longmorn. En 1898, John Duff, qui détenait alors la totalité des actions, connut des ennuis financiers. Hill, Thomson & Co. Ltd. continuèrent à administrer la distillerie avec le directeur James Grant et ses fils. La famille Grant allait rester aux commandes jusqu'en 1970, date de la fusion avec The Glenlivet & Glen Grant Distillers Ltd, au sein de The Glenlivet Distillers Ltd. En 1978, The Seagram Co. Ltd. fit l'acquisition de cette société.

Le Longmorn, *single malt* de couleur cuivrée, commercialisé au sein de la « Heritage Selection » de Seagram, jouit d'une large diffusion.

la distillerie

- 1894
- The Seagram Co. Ltd.
- Bob MacPherson
- Sources locales
- 4 *wash* 4 *spirit*
- NC
- Sur RDV seulement

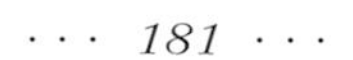

âges, caractéristiques, distinctions

Longmorn 15 ans d'âge, 43 %,
« The Heritage Selection »
1994, IWSC Gold Medal

notes de dégustation

ÂGE 15 ans d'âge, 43 %

NEZ Parfumé, délicat, légèrement fruité.

BOUCHE Très savoureux, nuances de fruits, de fleurs et d'avelines ; finale douce et prolongée.

Mannochmore

SPEYSIDE

MANNOCHMORE DISTILLERY, ELGIN, MORAYSHIRE IV30 3SS

TÉL : +44 (0) 1343 860331 FAX : +44 (0) 1343 860302

Sur l'étiquette du *single malt* Mannochmore 12 ans d'âge figure un pic épeiche, hôte des bois de Millbuies proches de la distillerie. Fondée en 1971, Mannochmore a été construite à côté de la distillerie de Glenlossie. Elle a fermé ses portes en 1985, mais United Distillers les a rouvertes en 1989. De nouveau mise en sommeil en 1995, la distillerie n'a peut-être pas dit son dernier mot.

Le Mannochmore est d'une belle couleur d'or pâle.

la distillerie

- 1971
- United Distillers
- Non opérationnelle
- The Bardon Burn
- 3 *wash* 3 *spirit*
- NC
- Pas de visites

âges, caractéristiques, distinctions

Mannochmore 12 ans d'âge, 43 %

SPEYSIDE

SINGLE MALT *SCOTCH WHISKY*

MANNOCHMORE

distillery stands a few miles *south* of Elgin in *Morayshire*. The nearby *Millbuies* Woods are rich in birdlife, including the Great *Spotted* Woodpecker. The *distillery* draws process *water* from the Bardon Burn, which has its *source* in the MANNOCH HILLS, and *cooling water* from the Gedloch Burn and the *Burn of Fochs*. Mannochmore *single MALT WHISKY* has a *light, fruity* aroma and a *smooth*, mellow *taste*.

AGED 12 YEARS

43% vol — 70 cl

Distilled & Bottled in SCOTLAND. MANNOCHMORE DISTILLERY, Elgin, Moray, Scotland

notes de dégustation

ÂGE 12 ans d'âge, 43 %

NEZ Délicat, printanier, avec un soupçon de tourbe.

BOUCHE Saveur nette et fraîche, retour d'arômes légèrement sucrés.

Miltonduff

SPEYSIDE

MILTONDUFF DISTILLERY, MILTONDUFF, ELGIN, MORAYSHIRE IV30 3TQ

TÉL : +44 (0) 1343 547433 FAX : +44 (0) 1343 548802

La distillerie de Miltonduff est située dans le Glen (vallon) de Pluscarden, au bord du Black Burn. Miltonduff fut l'un des premiers établissements à prendre une licence, en 1824.

Il y avait plus de cinquante distilleries clandestines dans ce secteur, et la contrebande se poursuivit jusque très avant dans le XIXe siècle. Les contrebandiers tirèrent parti de la disposition en triangle des collines environnantes pour mettre au point un système de communications : à l'approche des *excisemen*, on hissait un drapeau sur l'une des collines.

la distillerie

- 1824
- Allied Distillers Ltd.
- Stuart Pirie
- Black Burn
- 3 *wash* 3 *spirit*
- Ex-bourbon
- Sur RDV uniquement lun.-jeu.

Un *exciseman* consciencieux, ayant eu vent de ce stratagème, se cacha toute la nuit, jusqu'à ce que les hommes partent aux champs. Il se présenta à la ferme pour trouver la femme du fermier occupée à démonter l'alambic. C'était une forte femme, il était beaucoup plus menu : la légende veut qu'on ne l'ait jamais revu !

Miltonduff est aujourd'hui la plus grosse distillerie de *malt whisky* du groupe Allied Distillers. La majeure partie de la production sert à l'élaboration du Ballantine's. Miltonduff produisait naguère un *malt* plus fort, le Mosstowie. Les alambics ont été supprimés en 1981, mais on trouve des bouteilles de *single malt* Mosstowie chez Gordon & MacPhail.

âges, caractéristiques, distinctions

Miltonduff 12 ans d'âge, 43 %
(Disponible à divers degrés de maturation auprès de Cadenheads of Edinburgh).

notes de dégustation

ÂGE 12 ans d'âge, 43 %

NEZ Parfumé.

BOUCHE Moyennement charpenté, saveur fraîche.

Miyagikyo

JAPON

SENDAI MIYAGIKYO DISTILLERY, NIKKA I-BANCHI, AOBA-KU,
SENDAI-SHI, MIYAGI-KEN 989034, JAPON
TÉL : +81 (0) 22 395 2111 FAX : +81 (0) 22 395 2861

L'histoire de la Nikka Distilling Co. Ltd. est assez fascinante. En 1918, Masataka Taketsuru, fils d'un brasseur de saké, lia connaissance avec le whisky dans le cadre de ses études à l'université de Glasgow. Il repartit quelques années plus tard au Japon avec sa femme écossaise, Jessie Rita. Fort de son nouveau savoir, il se mit à rechercher le site idéal où implanter une distillerie de whisky. La première fut créée en 1934 à Yoichi, dans l'île d'Hokkaidō (nord de l'archipel nippon), et la seconde, Sendai, en 1969 au nord de l'île principale. Située au centre d'un cercle de montagnes, entre deux rivières, Sendai produit le Miyagikyo, *single malt* couleur d'acajou.

la distillerie

1969
Nikka Whisky Distilling Co. Ltd.
Yoshitomo Shibata

Sources locales
4 *wash* 4 *spirit*
Sherry, bourbon, fûts de réemploi et fûts neufs
Toute l'année (restaurant, boutiques)

âges, caractéristiques, distinctions

Miyagikyo 12 ans d'âge, 10 000 bouteilles par an (habituellement commercialisées au Japon seulement)

notes de dégustation

ÂGE	12 ans d'âge
NEZ	Chaleureux, arôme de sherry.
BOUCHE	Léger, avec des notes de sherry, de malt et de vanille. Finale nette et vive.

Mortlach

SPEYSIDE

MORTLACH DISTILLERY, DUFFTOWN, KEITH, BANFFSHIRE AB55 4AQ
TÉL : +44 (0) 1340 820318 FAX : +44 (0) 1340 820019

La distillerie de Mortlach fut créée en 1824 par James Findlater, Donald Mackintosh et Alexander Gordon, acquise par A. & T. Gregory en 1832, puis vendue à J. & J. Grant de la distillerie Glen Grant. Elle fut alors démantelée, avant de reprendre ses activités en 1842 sous l'impulsion de John Gordon. À ses débuts, cette distillerie était intégrée à la ferme, et l'orge en surplus servait à l'alimentation des bêtes. George Cowie s'associa à l'affaire en 1854 ; la distillerie demeura dans sa famille jusqu'en 1897, date du rachat par John Walker & Sons Ltd. Mortlach entra au sein de la Distillers Company en 1924, et fut entièrement reconstruite en 1963.

la distillerie

1824
United Distillers
Steve McGringle
Sources dans les Conval Hills
3 *wash* 3 *spirit*
NC
Pas de visites

SPEYSIDE
SINGLE MALT
SCOTCH WHISKY

MORTLACH

was the first of seven *distilleries* in *Dufftown*. In the 19th *farm animals* kept in adjoining byres were fed on *barley* left over from processing. Today *water* from springs in the *CONVAL HILLS* is used to produce this delightful *smooth, fruity single MALT SCOTCH WHISKY.*

AGED 16 YEARS

43% vol 70 cl

âges, caractéristiques, distinctions

Mortlach 16 ans d'âge, 43 %

notes de dégustation

ÂGE	16 ans d'âge, 43 %
NEZ	Fruité, chaleureux, un soupçon de tourbe.
BOUCHE	Charpenté, caramel et épices ; une longue finale caractérisée par le sherry et le miel.

SPEYSIDE
SINGLE MALT
SCOTCH WHISKY

MORTLACH

was the first of seven *distilleries* in *Dufftown*. In the 19th *farm animals* kept in adjoining byres were fed on *barley* left over from processing. Today *water* from springs in the *CONVAL HILLS* is used to produce this delightful *smooth, fruity single MALT SCOTCH WHISKY.*

16

Distilled & Bottled in SCOTLAND.
MORTLACH DISTILLERY
Dufftown, Keith, Banffshire, Scotland

43% vol 70 cl

Oban

HIGHLAND

Oban Distillery, Stafford Street, Oban, Argyll PA34 5NH

Tél : +44 (0) 1631 562110 Fax : +44 (0) 1631 563344

La distillerie d'Oban fournit à United Distillers l'un des produits de la gamme « Classic Malts ». Fondée en 1794 par les Stevenson, hommes d'affaires locaux œuvrant dans les carrières, la construction et les chantiers navals, la distillerie resta dans cette famille jusqu'en 1866. Elle fut rachetée par un marchand de la région, Peter Cumstie, puis en 1883 par Walter Higgin, qui la reconstruisit pour la vendre en 1898 à la Oban and Aultmore-Glenlivet Distilleries Ltd. (qui comptait parmi ses dirigeants Alexander Edward, propriétaire d'Aultmore, et MM. Greig et Gillespie, de la firme d'assembleurs Wright & Greig).

Les bâtiments d'Oban, qui n'ont pratiquement pas changé depuis un siècle, sont nichés au pied de falaises de plus de 120 mètres de haut.

la distillerie

- 1794
- United Distillers
- Ian Williams
- Loch Gleann a'Bhearraidh
- 1 *wash* 1 *spirit*
- NC
- Toute l'année lun.-ven. 9 h 30-17 h + sam. Pâques-oct.

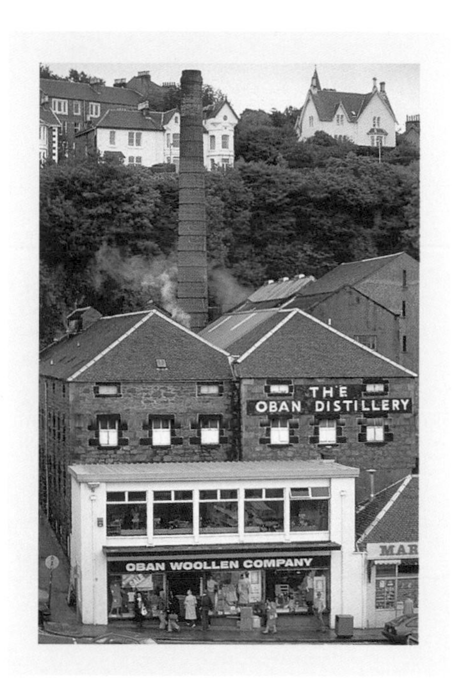

âges, caractéristiques, distinctions

Oban 14 ans d'âge, 43 %

notes de dégustation

ÂGE 14 ans d'âge, 43 %

NEZ Léger, un soupçon de tourbe.

BOUCHE Moyennement charpenté, une note de fumée et un long *finish* réconfortant.

Old Fettercairn

HIGHLAND

FETTERCAIRN, DISTILLERY ROAD, LAURENCEKIRK, KINCARDINESHIRE AB30 1YE

TÉL : +44 (0) 1561 340244 FAX : +44 (0) 1561 340447

Bien que la légende fasse état de la présence ancienne d'une distillerie dans le secteur, plus haut dans les monts Grampian, aucun document écrit ne l'atteste. Les archives montrent cependant que cette distillerie fut bâtie en 1824 à son emplacement actuel, au pied des montagnes, par Sir Alexander Ramsay. L'édifice était à l'origine un moulin, détruit par le feu en 1887 et promptement reconstruit. En 1966, le nombre des alambics est passé de deux à quatre. Après plusieurs changements de propriétaires, Old Fettercairn a été rachetée par la Tomintoul Glenlivet Distillery Co. en 1971 ; elle fait aujourd'hui partie du groupe Whyte & Mackay.

Le Old Fettercairn présente une belle couleur cuivrée.

la distillerie

- 1824
- The Whyte & Mackay Group Plc.
- B. Kenny
- Sources dans les Grampians
- 2 *wash* 2 *spirit*
- Chêne blanc d'Amérique, sherry *oloroso*
- Lun.-sam. 10 h-16 h 30 Tél. au 01561 340205 pour visites de groupes

âges, caractéristiques, distinctions

Old Fettercairn 10 ans d'âge, 43 %

notes de dégustation

ÂGE 10 ans d'âge, 43 %

NEZ Délicat, frais, un soupçon de fumée.

BOUCHE Un bon *malt* d'accès facile, à la saveur pleine, nuancée de tourbe, à la finale sèche.

Rosebank

LOWLAND

ROSEBANK DISTILLERY, CAMELON, FALKIRK, STIRLINGSHIRE FK1 5BW

TÉL : +44 (0) 1324 623325

On prétend que la distillerie de Rosebank qui subsiste aujourd'hui aurait été construite en 1840 par James Rankine dans la malterie de la distillerie de Camelon, mais les archives montrent qu'en 1817 il existait une autre distillerie de ce nom. L'actuelle fut reconstruite en 1864 et rebaptisée Rosebank en 1894. Elle possède un *wash still* et deux *spirit stills,* et produit un whisky de malt issu d'une triple distillation (d'une couleur dorée évoquant l'été). La distillerie a été mise en sommeil en 1993.

la distillerie

- 1840
- United Distillers
- Non opérationnelle
- Réservoir de la Carrow Valley
- 1 *wash* 2 *spirit*
- NC
- Pas de visites

notes de dégustation

ÂGE 1984, 40 %

NEZ Frais, fumé, senteurs de miel.

BOUCHE Moyennement corsé, avec une saveur d'agrumes, moelleuse mais légèrement sèche.

Royal Brackla

HIGHLAND

ROYAL BRACKLA DISTILLERY, CAWDOR, NAIRN, NAIRNSHIRE IV12 5QY
TÉL : +44 (0) 1667 404280 FAX : +44 (0) 1667 404743

Le whisky *single malt* Royal Brackla est commercialisé par United distillers en tant que « Whisky du Roi », car en 1833 la distillerie reçut de Guillaume IV un brevet de fournisseur du roi. Fondée en 1812 par le capitaine William Fraser, Brackla est située près du château de Cawdor (historiquement, celui de Macbeth). Robert Fraser prit les rênes de la distillerie en 1852, en 1898, la Robert Fraser & Co. la vendit à John Mitchell et James Leict d'Aberdeen; elle échut ensuite à John Bisset & Co., puis fut vendue à Scottish Malt Distillers en 1943. Reconstruite en 1965, elle porta le nombre de ses alambics de deux à quatre en 1970.

Le Royal Brackla est un excellent whisky de malt couleur d'or fin.

la distillerie

- 1812
- United Distillers
- Chris Anderson
- The Cawdor Burn
- 2 *wash* 2 *spirit*
- NC
- Pas de visites

âges, caractéristiques, distinctions

Royal Brackla sans mention d'âge, 40 %

HIGHLAND
SINGLE MALT SCOTCH WHISKY

ROYAL BRACKLA

distillery, established in 1812, lies on the *southern* shore of the MORAY FIRTH at *Cawdor* near *Nairn*. Woods around the *distillery* are home to the *SISKIN*; although a *shy bird*, it can often be seen *feeding* on *conifer* seeds.

In 1835 a *Royal Warrant* was granted to the *distillery* by King William IV, who enjoyed the *fresh, grassy, fruity* aroma of this *single malt whisky*.

AGED 10 YEARS

43% vol — Distilled & Bottled in SCOTLAND. ROYAL BRACKLA DISTILLERY, Cawdor, Nairn, Scotland — 70 cl

notes de dégustation

ÂGE Sans mention d'âge, 40 %

NEZ Tourbe, miel et épices.

BOUCHE Moyennement charpenté, une douceur épicée, une finale nette, légèrement fruitée.

Royal Lochnagar

HIGHLAND

ROYAL LOCHNAGAR, CRATHIE, BALLATER, ABERDEENSHIRE AB35 5TB

TÉL : +44 (0) 1339 742273 FAX : +44 (0) 1339 742312

À l'instar de maintes autres distilleries, il y eut jadis deux Lochnagar. La première fut construite en 1826 et ferma ses portes en 1860. Dans l'intervalle, en 1845, un fermier du nom de John Begg créa la distillerie actuelle, initialement désignée sous le nom de New Lochnagar. Située près de Balmoral, dans la belle campagne du Deeside, elle évoque aujourd'hui encore un regroupement de bâtiments de ferme. En 1848, John Begg écrivit à la reine Victoria pour lui dire que son alcool était prêt et l'inviter à visiter la distillerie.

La reine, le prince Albert et leur famille vinrent dès le lendemain! Ainsi naquit « Royal Lochnagar ». Le prince Charles a lui aussi visité la distillerie, en 1996.

la distillerie

- 1845
- United Distillers
- Alastair Skakles
- Sources locales
- 1 *wash* 1 *spirit*
- NC
- Pâques-oct. lun-dim. et nov.-Pâques lun.-ven. 10 h-17 h Présentation multilingue et restaurant

notes de dégustation

ÂGE 12 ans d'âge, 40 %

NEZ Arôme chaleureux, épicé.

BOUCHE Un whisky à savourer – fruits, malt, un soupçon de vanille et de chêne.

Finale douce et persistante.

âges, caractéristiques, distinctions

Royal Lochnagar 12 ans d'âge, 40 %, et sans mention d'âge

Royal Lochnagar, qui appartient aujourd'hui au groupe United Distillers, occupe une place importante dans la vie locale : des réunions et des *ceilidhs* (assemblées écossaises traditionnelles, où l'on joue de la musique et déclame des textes) se tiennent dans le restaurant et les granges transformées. Les employés de la distillerie ont créé une réserve naturelle, et participent avec les écoles des alentours à l'étude de la flore et de la faune de la région (des chauves-souris notamment !).

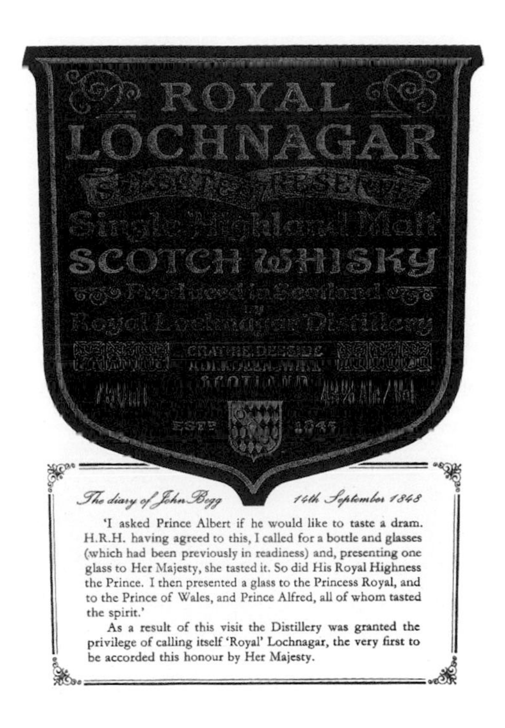

Scapa

HIGHLAND – ORKNEY

SCAPA DISTILLERY, ST OLA, ORKNEY KW15 1SE
TÉL : +44 (0) 1856 872071 FAX : +44 (0) 1856 876585

Scapa est l'une des distilleries les plus septentrionales d'Écosse ; située au bord du Ligro Burn, elle domine Scapa Flow dans les Orcades. Bâtie sur le site d'une ancienne minoterie, par J.T. Townsend, la distillerie a connu de très nombreux propriétaires jusqu'au début des années 1950 ; Hiram Walker, d'Allied Distillers, la racheta alors à une firme de Glasgow, Bloch Bros. Reconstruite en 1959, bénéficiant de ressources en eaux fraîches et limpides jaillissant du sol au nord de la ferme d'Orquil, elle poursuivit sa production jusqu'en 1993, date de sa mise en sommeil.

Pendant la Première Guerre mondiale, la flotte allemande chercha refuge à Scapa Flow, en prélude à une grande offensive qui finalement ne fut pas déclenchée : les Allemands se sabordèrent, et des vestiges de leurs navires affleurent encore à la surface dans la rade.

Un nouveau *single malt* Scapa de 12 ans d'âge est commercialisé par Allied Distillers Ltd. ; d'autres degrés de maturation sont disponibles auprès de Gordon & MacPhail.

la distillerie

- 1885
- United Distillers Ltd.
- R.S. MacDonald
- Sources
- 1 *wash* 1 *spirit*
- Ex-bourbon
- Sur RDV (tél. au préalable)

âges, caractéristiques, distinctions

Scapa 12 ans d'âge, 40 %

(Allied Distillers)

Scapa 1985 (Gordon & MacPhail)

1996, IWSC Gold Medal

notes de dégustation

ÂGE 12 ans d'âge, 40 %

NEZ Les Orcades en bouteille : iode, tourbe et bruyère.

BOUCHE Saveurs de sel et d'agrumes, que conclut une finale nette et persistante.

Essayez le Scapa avant le repas, dans des cocktails.

The Singleton

SPEYSIDE

SINGLETON AUCHROISK DISTILLERY, MULBEN, BANFFSHIRE AB55 3XS

TÉL : +44 (0) 1542 860333 FAX : +44 (0) 1542 860265

La distillerie Singleton peut être considérée comme une nouvelle venue dans le monde de l'industrie du whisky de malt, puisqu'elle a été fondée en 1974 (son *malt* étant commercialisé à partir de 1978), par International Distillers and Vintners Ltd. ; elle est aujourd'hui gérée par une filiale d'IDV, Justerini & Brooks (Scotland) Ltd. La distillerie a été construite dans un style traditionnel, et une vieille machine à vapeur de Strathmill occupe une place d'honneur dans le hall d'entrée. La maturation de divers *malts* des Highlands et du Speyside s'effectue dans plusieurs entrepôts.

Apprécié dans le monde entier, The Singleton est disponible à divers degrés de vieillissement. Sa couleur profonde évoque celle des feuilles de hêtre à l'automne.

la distillerie

1974

International Distillers & Vintners Ltd.

Graeme Skinner

Dorie's Well

4 *wash* 4 *spirit*

Ex-bourbon et sherry

Sur RDV (tél. au préalable)

âges, caractéristiques, distinctions

The Singleton 10 ans d'âge, 43 %

The Singleton Particular

(au Japon seulement),

12 ans d'âge au minimum

Nombreuses distinctions, y compris :

1989, IWSC Best Malt Whisky

1992 & 1995, IWSC Gold Medal

notes de dégustation

ÂGE 10 ans d'âge, 43 %

NEZ Riche, chaleureux, avec des notes de sherry.

BOUCHE Saveur très pleine sur la langue, avec des nuances de mandarine et de miel ; délicieusement moelleux en bouche ; finale chaude et prolongée.

Recommandé en digestif.

Speyburn

SPEYSIDE

SPEYBURN DISTILLERY, ROTHES, ABERLOUR, MORAYSHIRE AB38 7AG
TÉL : +44 (0) 1340 831231 FAX : +44 (0) 1340 831678

Fondée en 1897 par John Hopkins & Co., la distillerie de Speyburn se niche dans un site pittoresque au cœur des collines de la Spey Valley. La distillation y débuta avant l'achèvement des travaux de construction, dans des conditions telles que les employés furent forcés de travailler en manteau! Les dirigeants désiraient ardemment célébrer le jubilé de diamant de la reine Victoria, le 1er novembre, par la production de leur *new spirit*, mais seul un tonneau put être mis à vieillir en 1897. Speyburn fut l'une des premières distilleries de whisky de malt à se servir d'une malterie à tambour pneumatique, fonctionnant à la vapeur.

la distillerie

- 1897
- Inver House Distillers Ltd.
- S. Robertson
- The Granty (ou Birchfield) Burn, affluent de la Spey
- 1 *wash* 1 *spirit*
- Chêne
- Pas de visites

âges, caractéristiques, distinctions

Speyburn 10 ans d'âge, 40 %

(Inver House)

Médaille d'Or et Meilleur Achat,

The Wine Enthusiast (États-Unis)

Acquise par la Distillers Company Ltd. en 1916, Speyburn a été rachetée par Inver House Distillers Ltd. en 1992. Whisky *single malt* dont la couleur évoque les mélèzes en hiver, le Speyburn est mis en bouteille par Inver House après 10 ans de maturation.

notes de dégustation

ÂGE	10 ans d'âge, 40 %
NEZ	Arôme sec et suave à la fois.
BOUCHE	Un *malt* chaleureux, savoureux, avec des nuances de miel et d'herbes en fin de bouche. À déguster en digestif.

Springbank

CAMPBELTOWN

J. & A. Mitchell & Co. Ltd., Springbank Distillery,
Campbeltown, Argyll PA28 6EJ
Tél : +44 (0) 1586 552085 fax : +44 (0) 1586 553215

Les frères Archibald et Hugh Mitchell construisirent la distillerie de Springbank en 1828 à Campbeltown, sur la presqu'île de Kintyre, à l'emplacement de l'alambic clandestin de leur père. On pense que les Mitchell pratiquaient déjà la distillation depuis un siècle au moins. En 1872, ils possédaient quatre distilleries dans les environs. Au fil des ans, le whisky de Campbeltown suscita une demande croissante, du fait de sa qualité constante très prisée des assembleurs. Les ressources locales en houille favorisèrent la création de nouvelles distilleries, mais progressivement la qualité se dégrada, de sorte que dans les années 1920 les assembleurs se mirent à chercher ailleurs leurs *malts*.

Pour sa part, le whisky *single malt* produit par les Mitchell ne déclina jamais, si bien qu'aujourd'hui la distillerie occupe une situation de choix au centre de Campbeltown. L'actuel directeur général est un descendant direct d'Archibald Mitchell.

la distillerie

- 1828
- J. & A. Mitchell & Co. Ltd.
- Frank McHardy
- Crosshill Loch
- 2 *wash* 2 *spirit*
- whisky (réemploi), ex-bourbon et sherry
- Sur RDV uniquement, 14 h en semaine juin-sept.

Springbank est presque totalement autonome dans la production de son *single malt*. De la toute première phase de maltage de l'orge (selon une méthode traditionnelle) à l'embouteillage final, tout est fait sur place. Springbank est avec Glenfiddich l'une des seules distilleries à mettre en bouteille *in situ*. Des soins attentifs donnent un whisky très apprécié, à la saveur ronde et à l'arôme d'une grande richesse.

Le nom de Longrow est aussi ancien que celui de Springbank. Un bon *malt* ainsi baptisé fut produit en 1824, mais la distillerie, voisine de Springbank, ferma ses portes en 1896. La recette de ce whisky tourbé demeura dans la famille : en 1973, une distillation fut effectuée à Springbank, dont le produit se trouve chez certains détaillants spécialisés. De temps à autre, on procède à de nouvelles distillations (un 10 ans d'âge a été commercialisé en 1997).

âges, caractéristiques, distinctions

Le Springbank est décliné en 12, 15, 21, 25 et 30 ans d'âge

Le Springbank 1919, mis en bouteille en 1970, est un *single malt* de 50 ans d'âge, « very special » !

notes de dégustation

ÂGE	15 ans d'âge, 46 %
NEZ	Frais, riche, nuance de tourbe.
BOUCHE	Moyennement corsé ; douceur initiale suivie de saveurs marines et d'un goût de chêne. Finale longue et moelleuse.

Strathisla

SPEYSIDE

Strathisla Distillery, Seafield Avenue, Keith, Banffshire AB55 3BS
tél : +44 (0) 1542 783042

Strathisla fut créée en 1768 par George Taylor et Alexander Milne, sous le nom de Milltown, puis dirigée par divers hommes d'affaires locaux jusqu'à son rachat par William Longmore, en 1830. Sous la houlette de cet éminent négociant de Keith, la distillerie connut une belle croissance. Longmore disparut en 1882 ; c'est à cette époque que le nom de Strathisla fut adopté par la William Longmore & Co., et que d'importants travaux furent effectués (installation d'une roue hydraulique, restauration du four *[kiln]* avec toits en pagode).

En 1946, Longmore devint une société privée dirigée par un financier londonien, George Pomeroy. Celui-ci ayant été condamné pour fraude fiscale, la société cessa ses activités en 1949. L'année suivante, elle fut vendue à Chivas Brothers. Le

la distillerie

1786

The Seagram Co. Ltd.

Norman Green

Fons Bulliens'Well

2 *wash* 2 *spirit*

NC

Févr.-mi-mars et nov. lun.-ven. 9 h 30-16 h ; horaires d'été mi-mars-fin oct. lun.-sam. 9 h 30-16 h et dim. 12 h 30-16 h ; entrée 4 £ dont bon de 2 £ à valoir sur achats en boutique ; café et sablés *(shortbread)* gratuits

"STRATHISLA"
PURE HIGHLAND MALT
SCOTCH WHISKY
THE OLDEST DISTILLERY IN THE HIGHLANDS
AGED 12 YEARS

70cl e DISTILLED AND BOTTLED BY CHIVAS BROTHERS LTD
STRATHISLA DISTILLERY, KEITH, AB55 3BS, SCOTLAND 43%vol

âges, caractéristiques, distinctions

Strathisla 12 ans d'âge, 43 %
(bouteille plate)

Strathisla est l'un des *malts* du scotch mondialement célèbre qu'est le Chivas Regal, mais ce *single malt* d'un chaude couleur cuivrée est aussi commercialisé au sein de la « Heritage Selection » de Seagram.

notes de dégustation

ÂGE 12 ans d'âge, 43 %

NEZ Un bel arôme chargé de fruits et fleurs d'été.

BOUCHE Léger, doux au palais, avec des notes de tourbe et de caramel. Long *finish* moelleux et fruité.

Talisker

HIGHLAND – SKYE

TALISKER DISTILLERY, CARBOST, SKYE IV47 8SR
TÉL : +44 (0) 1478 640203 FAX : +44 (0) 1478 640401

Unique distillerie de l'île de Skye, Talisker fut construite en 1830 au bord du Loch Harport par Hugh et Kenneth MacAskill. Ceux-ci, qui s'étaient forgé une réputation dans l'île pour avoir chassé les cultivateurs à bail de leurs terres (afin que Hugh pût élever des moutons des Cheviots), avaient acquis des propriétés du côté de la presqu'île de Minginish, et notamment Talisker House, dans un vallon abrité sur la côte occidentale de l'île. La distillerie connut bien des vicissitudes, et passa entre diverses mains jusqu'à son intégration à la Distillers Company Ltd. en 1925. Le Talisker est désormais commercialisé par United Distillers au sein de la gamme « Classic Malts ».

la distillerie

1830
United Distillers
Mike Copland
Cnoc-nan-Speireag
2 *wash* 2 *spirit*
NC
avr.-oct., lun.-ven.
9 h-16 h 30;
+ juil. août
sam. 9 h-16 h 30 ;
nov.-mars
14 h-16 h 30;
groupes,
tél. au préalable

âges, caractéristiques, distinctions

Talisker 10 ans d'âge, 45,8 %

notes de dégustation

ÂGE 10 ans d'âge, 45,8 %

NEZ Plein, suave mais tourbé.

BOUCHE Rond en bouche, bien charpenté ; tourbe et miel ; finale persistante. À consommer en toutes circonstances, notamment en apéritif.

ISLE OF SKYE

TALISKER

SINGLE MALT SCOTCH WHISKY

Tamdhu

SPEYSIDE

TAMDHU DISTILLERY, KNOCKANDO, ABERLOUR, BANFFSHIRE AB38 7RP
TÉL : +44 (0) 1340 870221 FAX : +44 (0) 1340 810255

En 1863, le Strathspey Railway vint faciliter l'accès des touristes aux Highlands par la haute vallée de la Spey. Vers la fin du XIXe siècle, le whisky *blended* fit l'objet d'un engouement croissant, ce qui incita des hommes d'affaires à investir dans la construction de nouvelles distilleries, dans la haute Spey notamment, déjà réputée pour ses *malts* de qualité. Tamdhu fut construite en 1896 par William Grant, dirigeant des Highland Distilleries. Elle était pourvue des derniers raffinements techniques.

Comme tant d'autres distilleries, Tamdhu souffrit des guerres et des crises économiques, de sorte qu'elle ferma ses portes de 1928 jusqu'au lendemain de la Seconde Guerre mondiale. Le nombre de ses alambics fut ensuite porté de deux à quatre en 1972, puis à six en 1975. En 1976 fut lancé le *single malt* Tamdhu (dont le nom signifie « petite colline noire » en gaélique).

la distillerie

- 1896
- Highland Distilleries Co. Ltd.
- W. Crilly
- Sources privées
- 3 *wash* 3 *spirit*
- fûts de sherry et de réemploi
- Pas de visites

âges, caractéristiques, distinctions

Le Tamdhu est mis en bouteille sans mention d'âge par Highland Distilleries.

Tamdhu est la seule distillerie du Speyside à malter tout son orge sur place. Le *single malt*, couleur d'ambre pâle ou de feuilles d'automne, possède une saveur fraîche et aromatique évoquant les vergers et les fleurs estivales.

notes de dégustation

ÂGE Sans mention d'âge, 40 %

NEZ Arôme léger, chaleureux, avec un soupçon de miel.

BOUCHE Saveur moyennement puissante, fraîche au palais, avec des notes de verger, de pommes et de poires ; longue finale moelleuse. À consommer à toute heure.

Teaninich

HIGHLAND

TEANINICH DISTILLERY, ALNESS, ROSS-SHIRE IV17 0XB
TÉL : +44 (0) 1349 882461 FAX : +44 (0) 1349 883864

Teaninich est située au bord de l'Alness, non loin du Cromarty Firth. Cette distillerie fut créée en 1817 par le capitaine Hugh Munro, propriétaire du domaine de Teaninich. Dans un premier temps, il lui fut difficile de se procurer de l'orge, dont la majeure partie allait aux distillateurs clandestins. En moins de deux décennies cependant, la production fut multipliée par trente. Le général de division John Munro reprit la distillerie, mais comme il passait le plus clair de son temps en Inde il octroya un bail à Robert Pattison, en 1850. En 1869, le tenancier était John McGilchrist Ross, qui cessa son activité en 1895. La distillerie fut reprise par Munro & Cameron of Elgin, qui la rachetèrent en 1898 et ne tardèrent pas à la rénover et l'agrandir. En 1904, Innes Cameron devint unique propriétaire – il avait aussi des intérêts dans Benrinnes, Linkwood et Tamdhu. En 1933, un an après sa mort, Teaninich fut vendue à Scottish Malt Distillers Ltd.

la distillerie

- 1817
- United Distillers
- Angus Paul
- The Dairywell Spring
- 3 *wash* 3 *spirit*
- NC
- Pas de visites

âges, caractéristiques, distinctions

Teaninch 10 ans d'âge

Teaninch 23 ans d'âge (distillé en 1972), 64,95 % (tirage limité, Rare Malts Selection de United Distillers)

RARE MALTS
SELECTION

Each individual vintage has been specially selected from Scotland's finest single malt stocks of rare or now silent distilleries. The limited bottlings of these scarce and unique whiskies are at natural cask strength for the enjoyment of the true connoisseur.

NATURAL
CASK STRENGTH
SINGLE MALT
SCOTCH WHISKY
AGED 23 YEARS
DISTILLED 1972
TEANINICH
DISTILLERY
ESTABLISHED 1817
ALNESS, ROSS-SHIRE
64.95% Alc/Vol (129.9 proof) 750ml
PRODUCED AND BOTTLED IN SCOTLAND
LIMITED EDITION
BOTTLE Nº 6552

notes de dégustation

ÂGE	23 ans d'âge (distillé en 1972), 64,95 %
NEZ	Léger, tourbé
BOUCHE	Fumée et chêne, finale moelleuse et prolongée.

Tobermory

HIGHLAND – MULL

TOBERMORY DISTILLERY, TOBERMORY, ISLE OF MULL, ARGYLLSHIRE PA75 6NR

TÉL : +44 (0) 1688 302645 FAX : +44 (0) 1688 302643

Tobermory bénéficie d'une situation magnifique, à l'extrémité sud d'un célèbre port de l'île de Mull, dans les Hébrides. Unique distillerie de Mull, elle fut fondée en 1795 par un marchand du cru, John Sinclair, mais ne devint pleinement opérationnelle qu'en 1823 (date à laquelle les terrains furent accordés à Sinclair par la Société Britannique pour l'Expansion des Pêcheries et l'Amélioration des Côtes Marines du Royaume). En sommeil de 1930 à 1972, la distillerie fut remise en marche par la Ledaig Distillery (Tobermory) Ltd., placée sous administration judiciaire en 1975 puis acquise en 1978 par la Kirkleavington Property Co. de Cleckheaton (Yorkshire). De nouveau mise en sommeil en 1989, la distillerie fut rachetée quatre ans plus tard par Burn Stewart Distillers.

la distillerie

1795

Burn Stewart Distillers Plc.

Ian MacMillan (Adjt. : Alan MacConochie)

Loch privé

2 *wash* 2 *spirit*

Réemploi

Lun.-ven. 10 h-16 h avr.-sept.

Le Tobermory est un *malt* couleur de paille claire, vendu dans une bouteille verte portant des inscriptions blanches. Il est fait à partir d'orge non tourbée (certaines distillations, tourbées, portent le nom de Ledaig – ce qui peut prêter à confusion, car d'anciennes bouteilles de Tobermory étaient aussi appelées Ledaig). Le Ledaig (qui à l'avenir sera toujours tourbé) est d'une chaude couleur dorée.

âges, caractéristiques, distinctions

Mis en bouteille sans mention d'âge, 40 %

Ledaig 1974 Vintage, 43 %

Ledaig 1975 Vintage, 43 %

notes de dégustation

ÂGE Tobermory sans mention d'âge, 40 %

NEZ Mull en bouteille – arôme de bruyère, léger, doux.

BOUCHE Léger, moyennement puissant, nuances de miel et d'herbes, une douce finale fumée.

ÂGE Ledaig 1974 Vintage, 43 %

NEZ Arôme puissant, tourbé.

BOUCHE Très savoureux en bouche ; goût de tourbe, un soupçon de sherry. Longue finale moelleuse.

Tomatin

HIGHLAND

TOMATIN DISTILLERY, TOMATIN, INVERNESS-SHIRE IV13 7YT
TÉL : +44 (0) 1808 511444 FAX : +44 (0) 1808 511373

La distillerie de Tomatin, juchée à plus de 300 mètres au-dessus du niveau de la mer, a été fondée en 1897. La société fit faillite en 1906 et redémarra en 1909. En 1956, le nombre des alambics fut porté de deux à quatre, puis d'autres suivirent, si bien que depuis 1974 la distillerie en compte vingt-trois. Tomatin, qui est l'une des plus grosses distilleries d'Écosse, fut l'une des premières à être achetée par une firme japonaise (Takara Shuzo & Okura).

la distillerie

- 1897
- Takara Shuzo & Okura & Co. Ltd.
- T. R. McCulloch
- Allt na Frithe Burn
- 12 *wash* 11 *spirit*
- NC
- Lun.-ven. 9 h-16 h 30, + sam., mai-oct. 9 h 30-13 h. Groupes + déc.-jan. tél. au préalable

âges, caractéristiques, distinctions

Tomatin 10 ans d'âge, 40 %

Tirage limité 25 ans d'âge

Export 10 et 12 ans d'âge

notes de dégustation

ÂGE 10 ans, 40 %

NEZ Arôme délicat, nuances de miel et de fumée.

BOUCHE Léger, moelleux, un soupçon de tourbe.

Tomintoul

SPEYSIDE

TOMINTOUL DISTILLERY, BALLINDALLOCH, BANFFSHIRE AB37 9AQ
TÉL : +44 (0) 1807 590274 FAX : +44 (0) 1807 590342

Tomintoul est une distillerie moderne construite en 1964. Le village du même nom, deuxième d'Écosse par son altitude, était jadis connu pour ses activités de distillation clandestine. La distillerie, qui semble quelque peu incongrue dans cette belle région montagneuse et boisée, fut fondée conjointement par la Hay & MacLeod Ltd. et W. & S. Strong Ltd. (négociants en whisky de Glasgow), acquise par le Scottish & Universal Investment Trust en 1973, puis par le groupe Whyte & Mackay (le Tomintoul est désormais l'un des whiskies de malt de ce groupe). Le nombre des alambics fut porté de deux à quatre en 1974.

Le Tomintoul est d'une chaude couleur cuivrée.

la distillerie

- 1964
- The Whyte & Mackay Group Plc.
- R. Fleming
- Ballantruan Spring
- 2 *wash* 2 *spirit*
- NC
- Pas de visites

âges, caractéristiques, distinctions

Tomintoul 12 ans d'âge

Tomintoul 10 ans d'âge, 40 % (R.-U.)

notes de dégustation

ÂGE 10 ans d'âge, 40 %

NEZ Léger arôme de sherry

BOUCHE Doux sur la langue, nuances fumées.

The Tormore

SPEYSIDE

Allied Distillers Ltd, Tormore Distillery, Advie,
Grantown-on-Spey, Moray PH26 3LR
Tél : +44 (0) 1807 510244 Fax : +44 (0) 1807 510352

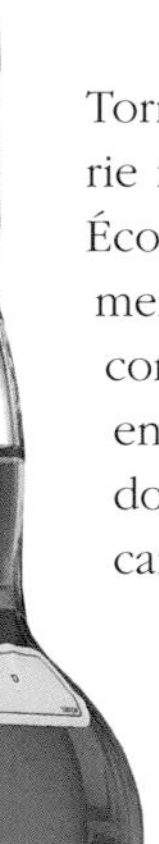

Tormore fut la première distillerie nouvelle à être construite en Écosse au XXe siècle. Les bâtiments de ce joyau architectural conçu par Sir Alfred Richardson entourent une vaste cour que domine un beffroi pourvu d'un carillon. Sise en pleine campagne (au sud de la A95 qui mène de Grantown-on-Spey à Aberlour), avec en toile de fond des collines plantées de pins, Tormore s'enorgueillit de ses jardins paysagers, de son bassin ornemental et de ses fontaines...

la distillerie

1959
Allied Distillers Ltd.
John Black
The Achvochkie Burn
4 *wash* 4 *spirit*
NC
Sur RDV
(tél. au préalable)

âges, caractéristiques, distinctions

Généralement mis en bouteille à 10 ans d'âge et distribué au Royaume-Uni
Autres degrés de maturation et mises en bouteille spéciales auprès de Gordon & MacPhail

Construite pour le Long John Group, la distillerie appartient désormais à Allied Distillers. En 1972, le nombre des alambics a été porté de quatre à huit. Le Tormore est un *malt* doré, à consommer en digestif.

notes de dégustation

ÂGE 10 ans d'âge, 40 %

NEZ Arôme sec, avec une nuance de noisette.

BOUCHE Doux sur la langue, saveur nette et moyennement puissante, avec un soupçon de miel.

Tullibardine

HIGHLAND

TULLIBARDINE DISTILLERY, BLACKFORD, PERTHSHIRE PH4 1QG

TÉL : +44 (0) 1764 682252

Des documents indiquent qu'une distillerie de Tullibardine fonctionnait dès 1798, sans que l'on sache exactement où. Elle ferma ses portes en 1837. La distillerie actuelle fut construite en 1949, par Delme Evans et C.I. Barratt, à l'emplacement d'une brasserie. En 1953, la Tullibardine Distillery Co. Ltd. fut reprise par des négociants en whisky de Glasgow, Brodie Hepburn. En 1971, Invergordon Distillers (Holdings) Ltd., devenu Whyte & Mackay, prit le contrôle de la distillerie, qui fut reconstruite en 1973 et vit le nombre de ses alambics passer de deux à quatre. Bien qu'elle soit en sommeil depuis 1995, les réserves de ce *single malt* sont suffisantes.

la distillerie

- 1949
- The Whyte & Mackay Group Plc.
- The Ochil Hills
- 2 *wash* 2 *spirit*
- Chêne blanc d'Amérique
- Pas de visites

notes de dégustation

ÂGE 10 ans d'âge, 40 %

NEZ Léger, chaleureux, suave.

BOUCHE Saveur ronde, nuances de fruits et d'épices, longue finale sucrée.

Yoichi

JAPON

Hokkaidō Distillery, Kurokawa-cho 7 chome-6, Yoichi-cho, Yoichi-gun,
Hokkaidō 046, Japon
Tél : +81 (0) 135 23 3131 Fax : +81 (0) 135 23 2202

Lorsque Masataka Taketsuru regagna le Japon après avoir étudié la distillation du whisky à l'université de Glasgow, il se mit en quête d'un site idéal pour distiller, et le trouva dans l'île d'Hokkaidō, à Yoichi. Ce site est entouré de montagnes sur trois côté, et borné par la mer sur le quatrième. Hokkaidō est l'île la plus septentrionale de l'archipel nippon. L'air y est frais et sain, et l'eau de source abonde dans les tourbières.

Construite en 1934, la distillerie produit un whisky *single malt* d'une vibrante couleur de cuivre.

la distillerie

- 1934
- The Nikka Whisky Distilling Company Ltd.
- Hiroshi Hayashi
- Sources souterraines
- 4 *wash* 3 *spirit*
- Sherry, bourbon, réemploi et fûts neufs
- Toute l'année

âges, caractéristiques, distinctions

Le Yoichi, mis en bouteille à 12 ans d'âge (10 000 bouteilles par an), n'est normalement disponible qu'au Japon

notes de dégustation

ÂGE	12 ans d'âge
NEZ	Arôme tourbé, nuance de sherry.
BOUCHE	Saveur corsée, tourbée, finale prolongée.

Nouvelles
distilleries,
raretés et liqueurs

Nouvelles distilleries

Balblair et Old Pulteney ne sont pas absolument nouvelles, mais leurs nouveaux propriétaires n'ont pas encore mis leurs whiskies de malt en bouteille.

Kininvie

SPEYSIDE

KININVIE DISTILLERY, DUFFTOWN, KEITH,
BANFFSHIRE AB55 4DH

Cette distillerie fondée en 1990 par William Grant & Sons Ltd. (propriétaire de Glenfiddich et Balvenie, ce qui augure bien de l'avenir) possède quatre *spirit stills* et quatre *wash stills*; elle est actuellement dirigée par W. White.

Old Pulteney

HIGHLAND

PULTENEY DISTILLERY, HUDDART STREET, WICK,
CAITHNESS KW1 5BD
TÉL : +44 (0) 1955 602371
FAX : +44 (0) 1993 602279

En 1996, Inver House Distillers Ltd. a racheté Old Pulteney, distillerie fondée par James Henderson en 1826, alors que Wick était un prospère port de pêche (du hareng). Cette distillerie appartenait auparavant à Allied Distillers; des stocks de Old Pulteney sont disponibles à 8 et 15 ans d'âge auprès de Gordon & MacPhail.

Balblair

HIGHLAND

BALBLAIR DISTILLERY, EDDERTON, TAIN,
ROSS-SHIRE IV19 1LB
TÉL : +44 (0) 1862 821273
FAX : +44 (0) 1862 821360

Autre distillerie rachetée à Allied Distilleries par Inver House Ltd. en 1996. Fondée en 1790, Balblair est l'une des plus anciennes distilleries de whisky de malt d'Écosse. Inver House procède actuellement à une évaluation des stocks, afin de décider du meilleur degré de maturation pour un *single malt*. Les stocks de Balblair « Allied Distillers » sont encore disponibles chez certains négociants et détaillants spécialisés.

Raretés

Certains whiskies *single malt* portent des noms chers à la mémoire des connaisseurs, mais ne se peuvent plus trouver dans le commerce. Les distilleries évoquées ci-dessous sont fermées à jamais ou en sommeil, leurs stocks sont faibles ou ne sont utilisés que dans des assemblages. Dans bien des cas, leurs whiskies de malt ne sont disponibles que sous forme de mises en bouteille spéciales, et il est fort difficile de s'en procurer.

Alt-a Bhanie

Cette distillerie fondée en 1975 appartient au groupe Seagram Distillers Plc. ; son *malt* n'est employé que dans les *blended whiskies* de la société.

Balmenach

Whisky de malt du Speyside produit par une distillerie appartenant à United Distillers mise en sommeil en 1993, le Balmenach est assez largement disponible à 12 ans d'age, en 43%.

Banff

Cette distillerie des Highlands a fermé ses portes en 1983, avant d'être démantelée. Un whisky de malt fort rare, disponible auprès de Gordon & MacPhail ainsi que de Cadenheads.

Braeval

Distillerie du groupe Seagram Distillers Plc. fondée en 1973 ; son whisky de malt n'est utilisé que dans les assemblages de la firme.

Coleburn

Cette distillerie appartenant à Speyside United Distillers, fermée en 1985, ne rouvrira pas. Le Coleburn 1972 est disponible auprès de Gordon & MacPhail

Glen Albyn

Les produits de cette distillerie des Highlands démantelée en 1986 sont disponibles auprès de Gordon & MacPhail ainsi que de Cadenheads.

Glenglassaugh

Distillerie mise en sommeil en 1986, appartenant à The Highland Distilleries

Company Plc. Le Glenglassaugh est un malt des Highlands ; le Glenglassaugh 1983 est disponible chez Gordon & MacPhail.

Glen Scotia

Distillerie de Campbeltown, appartenant à Loch Lomond Distillery Co. Ltd., mise en sommeil en 1994. Stocks disponibles chez les distillateurs : Glen Scotia 14 ans d'âge, 40 % au R.-U. et 43 % à l'export.

Glenugie

Distillerie fermée en 1983, whisky disponible chez Cadenheads seulement.

Glenury Royal

Cette distillerie a fermé en 1985 et ne rouvrira pas. Whisky de malt de la gamme United Distillers disponible en 12 ans d'âge, à 40 %.

Inverleven

La distillerie d'Inverleven, qui appartient à Allied Distillers, fait partie du complexe de Dumbarton, à l'embouchure de la Leven. Elle a été mise en sommeil en 1989. Des stocks de 1984 sont disponibles auprès de Gordon & MacPhail.

Littlemill

Distillerie des Lowlands appartenant à Loch Lomond Distillery Co. Ltd., mise en sommeil en 1992. Des stocks de 8 ans d'âge (40 % et 43 % pour l'export) sont assez largement disponibles.

Lochside

Distillerie du groupe Allied Distillers, située à Montrose, fermée en 1991. Stocks de Lochside 10 ans d'âge au siège de la distillerie.

Millburn

Distillerie fermée en 1985, démantelée en 1988. Stocks de ce *malt* des Highlands disponibles chez Gordon & MacPhail.

Pittyvaich

Établissement de United Distillers mis en sommeil en 1993 ; on trouve cependant du Pittyvaich 12 ans d'âge, 43 %.

Port Ellen

Cette distillerie d'Islay appartenant à United Distillers a fermé ses portes en 1983. Elle fut la première à exporter directement vers l'Amérique, dans les années 1840. Des stocks de Port Ellen 1979 sont disponibles auprès de Gordon & MacPhail.

St. Magdalene

Distillerie des Lowlands, fermée en 1983 et aujourd'hui transformée en logements. On trouve toujours du St. Magdalene 1966 chez Gordon & MacPhail.

Spey Royal

La société International Distillers & Vintners se sert de ce *malt* issu de sa Glen Spey Distillery à Rothes dans ses assemblages.

Tamnavulin

Tamnavulin, qui appartient au groupe Whyte & Mackay Plc., a été mise en sommeil en 1995. Quelques bouteilles de Tamnavulin de 10 ans d'âge, 40%, sont encore commercialisées.

Le bar de l'hôtel Athenaeum.

Liqueurs de malt

Il existe un nombre étonnant de liqueurs de malt, tant écossaises qu'irlandaises.

Liqueurs de malt écossaises

Drambuie

Commercialisé en bouteilles normales et miniatures, le Drambuie (40 %) est présenté comme la liqueur du « Bonnie Prince Charlie ». La recette en aurait été donnée au capitaine John Mackinnon en récompense de sa loyauté à la bataille de Culloden, en 1746. Une liqueur douce, aux saveurs de miel et de fruits.

Dunkeld Atholl Brose

L'Atholl Brose est une recette traditionnelle, à base de flocons d'avoine, de miel, d'eau et de whisky. La liqueur Dunkeld Atholl Brose, produite par Gordon & MacPhail, est vendue à 12 ans d'âge (35 %).

Glayva

Commercialisée par le groupe Whyte & Mackay, la liqueur Glayva (dont le nom signifie « très bonne » en gaélique), se savoure de préférence en digestif ; elle est suave et moelleuse, avec un soupçon d'agrumes.

The Glenturret

Original Single Malt Liqueur

Glenturret, fondée en 1775, est l'une des plus anciennes distilleries de whisky de malt. L'excellent *single malt* qui y est produit est employé dans l'élaboration de The Glenturret Malt Liqueur, qui fait appel à des herbes aromatiques. Cette liqueur moelleuse est aussi savoureuse seule qu'étendue d'eau gazeuse ou de limonade.

Heather Cream Liqueur

Heather Cream appartient à Inver House Distillers, propriétaire des distilleries An Cnoc, Speyburn, Pulteney et Balblair. Cette liqueur, mélange de crème fraîche et de whisky de malt, est onctueuse et sucrée.

Stag's Breath Liqueur

Cette liqueur tire son nom (qui signifie « Haleine de Cerf » !) d'un ouvrage de sir Compton Mackenzie consacré au naufrage du *SS Politician*, dans lequel du whisky passa par-dessus bord (Mackenzie donnait à ce whisky le nom de Stag's Breath). Cette liqueur est faite de whisky du Speyside et de miel.

Wallace

Single Malt Liqueur

Cette liqueur commercialisée par Burn Stewart Distillers, constituée de whisky *single malt* Deanston et d'un mélange de baies et d'herbes aromatiques, fait un digestif des plus réconfortants ; on peut aussi l'intégrer à des cocktails, avec de l'eau gazeuse, du jus de fruit et de la glace pilée.

Liqueurs de malt irlandaises

Baileys

La Baileys Original Irish Cream, produite à Dublin par R. & A. Bailey & Co., est leader sur le marché. Cette liqueur sucrée, d'une teneur en alcool de 17 %, contient du miel, du chocolat et du whisky. Baileys Light, version basses calories, est largement répandue aux États-Unis.

Carolans

La liqueur Carolans Irish Cream, lancée en 1978, est très appréciée en digestif. Carolans commercialise aussi Carolans Irish Coffee Cream, surtout vendue aux États-Unis.

Eblana

Cette nouvelle liqueur produite par la distillerie de Cooley a une teneur en alcool de 40 % et une saveur à la fois douce et puissante.

Emmets

Liqueur crémeuse aux mêmes origines que la Baileys, elle porte le nom de Robert Emmet, héros irlandais exécuté en 1803 pour s'être révolté contre la domination britannique.

Irish Mist

Produite par la même compagnie que la Carolans, commercialisée depuis le début des années 1950, l'Irish Mist (« Brume irlandaise ») est une savoureuse liqueur à base d'herbes aromatiques, de miel et de whisky.

Sheridans

Les liqueurs Sheridans ont une teneur en alcool de 17 % (version crème à la vanille) et 19,5 % (version café-chocolat). Également produites par Baileys, elles sont riches et chaleureuses.

Appendice

Glossaire

Termes géographiques écossais

Ben — Colline ou montagne.

Burn — Ruisseau ou torrent.

Loch — Lac, souvent entouré de montagnes, parfois traversé par un cours d'eau.

Paps — Montagnes ; terme notamment associé à l'île de Jura (côte ouest de l'Écosse), les Paps of Jura sont trois montagnes de cette île.

Rill — Ruisselet ou ruisseau.

Termes liés à l'élaboration du whisky

Aire de maltage — Dans une distillerie traditionnelle, on fait tremper l'orge dans de l'eau pendant deux ou trois jours, avant de l'étaler sur un sol empierré jusqu'à ce que la germination intervienne.

Alambic Coffey — C'est en 1831 qu'Aeneas Coffey inventa l'alambic portant son nom, et dont le principe est assez simple : il assure une distillation en continu, et donc une production d'alcool ne nécessitant pas de vidages et remplissages successifs comme les *pot stills* (alambics-marmites). Le whisky de grain, produit dans un alambic Coffey, contient généralement 25 % d'orge maltée ainsi que de l'orge non maltée et du maïs. La fermentation se déroule comme indiqué au début de cet ouvrage, mais elle s'effectue en continu ; le liquide est ensuite pompé au sommet d'une grande colonne (ou *rectifier*), qu'il traverse selon un parcours en zigzag. Le *wash* est ensuite pompé jusqu'au sommet d'une autre colonne *(analyzer)* contenant des plaques perforées. En s'élevant, la vapeur se charge de l'alcool qui monte dans la colonne, et laisse les *spent lees* au fond. La vapeur est ensuite acheminée au bas du *rectifier*, et l'alcool se condense en montant dans cette colonne. À mesure qu'il atteint le sommet de la colonne, l'alcool est prélevé pour être mis à vieillir. Les alambics Coffey (ou *patent stills*) font de 12 à 15 mètres de haut. On ne les emploie pas pour la production de whiskies *single malt*.

Brassage — Le *grist* est mélangé à de l'eau chaude dans un *mash tun*, cuve-matière munie de pales tournantes. Ce brassage est appelé *mashing*.

Cask Strength Whisky — Whisky vendu « brut de barrique », très fort en alcool (environ 60 %).

Draff — Résidus solides qui restent à la base du *mash tun* ; on s'en sert pour nourrir le bétail.

Feints — Queues de distillation. Après que l'alcool pur (cœur de distillation) a été prélevé du *spirit still*, la vapeur condensée perd de sa force et de sa pureté. Cet alcool affaibli, désigné sous le nom de *feints*, est jeté.

Foreshots — Têtes de distillation. Il s'agit du premier liquide produit dans le *spirit still*, par la condensation de la vapeur. Les *foreshots* se troublent lorsqu'elles sont additionnées d'eau (l'alcool est encore impur). On n'utilise pas plus les têtes de distillation que les queues.

Fûts, tonneaux, barriques — Les distilleries utilisent divers types de fûtailles pour y faire vieillir leur whisky :

TYPES DE FÛTS	CONTENANCE APPROXIMATIVE EN LITRES
Butt	380
Hogshead	225-265
American Barrel	130-160
Quarter	100-130

Grist	Le malt séché, moulu en une sorte de farine, est appelé *grist.*
Kiln	Une méthode traditionnelle de séchage de l'orge maltée consiste à se servir de la fumée d'un four particulier, où l'on brûle généralement de la tourbe ; à l'intérieur de ce *kiln,* la fumée s'élève au travers d'un grillage jusqu'à l'orge au-dessus.
Mash tun	Grande cuve circulaire, souvent en cuivre, munie d'un couvercle et à l'intérieur de laquelle des pales assurent le brassage de l'orge et de l'eau bouillante. La base du *mash tun* comporte des panneaux filtrants qui permettent l'écoulement du liquide. Les matières solides demeurent à l'intérieur de la cuve.
Mise en sommeil	Certaines distilleries sont fermées depuis quelque temps, et pourtant elles pourraient reprendre leur activité à tout moment. Tout y est préservé en parfait état de marche, dans l'éventualité où l'on déciderait de reprendre la production.
Orge maltée	La germination de l'orge entraîne la libération des enzymes contenus dans les grains germés, ce qui après séchage donne à l'orge une saveur particulière, dite « maltée ».
Saladin (procédé)	Il s'agit d'une méthode de germination artificielle de l'orge. Celle-ci est placée dans de grands caissons rectangulaires, l'on y insuffle de l'air à des températures contrôlées, cependant que le grain est retourné mécaniquement.
Single cask whisky	Ce terme désigne un whisky provenant d'un seul fût, généralement mis en bouteille en tirage limité, soit « brut de barrique » *(cask strength),* soit ramené à 40 % par dilution.
Spent lees	Résidu aqueux, lie résultant de la distillation.
Spirit stills	Ces alambics *(stills)* sont employés pour la seconde distillation ; l'alcool *(spirit)* recueilli à la sortie sera entreposé dans des fûts.

Stills	Alambics, traditionnellement en cuivre ; ceux que l'on emploie pour la distillation du whisky de malt sont désignés sous le nom de *pot stills*, ou « alambics-marmites » ; ils produisent le *spirit* (eau-de-vie) de façon discontinue.
Triple distillation	Le whisky *single malt* issu de triple distillation est produit par un double passage de l'alcool dans le *spirit still*.
Wash	Le liquide fermenté tiré du *mash tun* est généralement appelé *wort*, mais parfois *wash*.
Washbacks	Les *washbacks* sont de grandes cuves, en bois le plus souvent, d'une capacité de 10 000 à 50 000 litres. Le liquide *(wort)* provenant du *mash tun* est pompé dans ces cuves de fermentation, où on l'additionne de levure afin de transformer le moût en alcool.
Wash stills	Le moût fermenté issu des *washbacks* est amené par pompage dans ces alambics où intervient la première distillation.
Wort	Le moût, liquide tiré de la cuve-matière *(mash tun)*, est désigné sous le nom de *wort*. Les résidus solides (appelés *draff* en Écosse) sont utilisés pour nourrir le bétail.

Recettes à base de whisky

On consomme généralement le whisky en apéritif ou en digestif, mais certains l'apprécient également dans des cocktails. Les Écossais en accompagnent aussi des repas entiers, notamment lors de la fête de la Saint-André (St. Andrew), en l'honneur du saint patron de l'Écosse, ou du traditionnel « Burn's Supper », le 25 janvier. Le grand poète écossais Robert Burns (1759-1796) célèbre le whisky dans plusieurs de ses œuvres, et notamment dans le chant du Nouvel An « Auld Lang Syne », où la « coupe de l'amitié » fait référence à un verre de whisky écossais. Lors de ces festivités écossaises, on a coutume de servir le *haggis* (mets national écossais, estomac de mouton bourré d'un hachis d'abats et de farine, le tout très épicé), sur lequel on verse un verre de whisky.

Cocktails

whisky collins

1 mesure de scotch
1 cuillerée à café de sirop de sucre
eau de Seltz
jus de ½ citron
Angostura

Dans un verre à orangeade, mettez de la glace et le jus de citron. Ajouter le sirop et le whisky. Remplissez d'eau de Seltz, ajoutez quelques gouttes d'Angostura, remuez, servez avec une rondelle de citron.

« hot toddy » de john milroy

1 cuillerée à café de miel
1 mesure de whisky de malt
1 mesure de vin de gingembre
(décoction de gingembre)
jus de ½ citron
1 clou de girofle
eau bouillante

Faites fondre le miel dans un peu d'eau bouillante. Ajoutez le clou de girofle, le jus de citron, le whisky de malt et le vin de gingembre. Remuez et ajoutez 3 mesures d'eau bouillante au moment de servir.

bobby burns

½ de mesure de scotch

¼ de mesure de vermouth sec

¼ de mesure de vermouth doux

1 trait de Bénédictine

Mélangez tous les ingrédients dans un verre rempli de glace pilée. Servez avec un tortillon de zeste de citron.

scotch old fashioned

1 mesure de scotch

3 traits d'Angostura

1 sucre

Mettez le sucre dans un verre, ajoutez l'Angostura et un peu d'eau pour le faire fondre, ajoutez le whisky et de la glace, en remuant. Servez avec une rondelle d'orange et une cerise confite.

Le whisky en cuisine

Soupes, salades, steaks, desserts... la présence du whisky semble là plutôt étonnante, et pourtant les résultats sont délicieux. Pour les hors-d'œuvre et les plats principaux, un *blend* conviendra très bien, mais un dessert mérite amplement la dépense supplémentaire que représente un *single malt*. Toutes les recettes ci-dessous sont données pour quatre personnes.

avocats cocktail

2 avocats pelés et coupés en petits dés

sauce de salade (huile d'olive, whisky *blended*, jus de citron, 1 pincée de sucre en poudre, poivre et sel)

salade verte

Disposez la salade dans les assiettes, déposez les dés d'avocat sur la salade puis arrosez de sauce.

champignons marinés

200 g de petits champignons de Paris, émincés

3 cuillerées à soupe de whisky

3 cuillerées à soupe d'huile

jus de ½ citron

1 pincée de sucre en poudre

quelques graines de coriandre écrasées

poivre, sel, herbes aromatiques

Mettez tous les ingrédients dans un saladier, mélangez-les soigneusement, couvrez et laissez mariner 1 h 30 environ, en remuant de temps à autre.

steak & scotch

Préparez vos steaks comme à l'habitude à la poêle, enlevez-les et tenez-les au chaud au four. Ajoutez une mesure de whisky au jus de cuisson dans la poêle, faites réduire et nappez-en les steaks au moment de servir.

crème au whisky

2 cuillerées à soupe de whisky de malt
25 cl de lait
5 cl de crème fraîche épaisse
4 jaunes d'œufs
3 cuillerées à soupe de marmelade d'orange filtrée
1 pincée de muscade

Chauffez le lait et la crème fraîche dans une casserole. Battez les jaunes d'œufs avec le whisky, la muscade et la marmelade, puis versez le tout sur le lait. Faites épaissir au bain-marie, puis répartissez dans des ramequins et laissez refroidir.

pâtes au saumon

Le whisky se marie particulièrement bien avec les crustacés et le saumon.

250 g de pâtes (penne ou rigatoni, par exemple)
125 g de fines tranches de saumon fumé
20 cl de crème fraîche épaisse
2 gousses d'ail
30 g de beurre
1 oignon moyen, émincé
sel, poivre
parmesan
1 mesure de whisky

Chauffez la crème fraîche dans une casserole avec l'ail, puis faites bouillir. Quand l'ail est bien tendre, enlevez-le et réservez la casserole. Faites dorer l'oignon dans le beurre, puis ajoutez le tout à la crème aillée. Faites épaissir en remuant, puis salez et poivrez; ajoutez le whisky.

Pendant ce temps, faites cuire les pâtes, égouttez-les. Nappez les pâtes de sauce, ajoutez le saumon fumé, mélangez soigneusement et servez le plat très chaud, accompagné de parmesan.

Guide d'achat

Les nouveaux venus dans le monde des whiskies *single malt* ne souhaiteront peut-être pas investir immédiatement dans l'achat d'une grande bouteille. Sachez que certains de ces whiskies sont disponibles sous forme de bouteilles miniatures ; ces mignonnettes sont un bon point de départ. De nombreux restaurants et hôtels de par le monde proposent un choix étendu de *single malts* à découvrir et apprécier.

Hôtels, restaurants et pubs en Grande-Bretagne

Un séjour en Grande-Bretagne (à l'occasion de vacances ou d'un déplacement professionnel) représente une manière idéale de partir à la découverte du whisky de malt. Sur le chemin de l'Écosse, les occasions de haltes ne manqueront pas : la plupart des grands hôtels sont très bien pourvus en whiskies de qualité. L'Athenaeum Hotel de Londres, à Piccadilly (voir p. 237), possède un « Malt Whisky Bar » riche de plus de 70 whiskies de malt différents. Au bar, les amateurs peuvent obtenir un « passeport » où figure la liste de tous les whiskies disponibles, sur lequel un « visa » est apposé à chaque dégustation d'un nouveau *malt*. Les clients de la Nobody Inn de Doddiscombleigh, dans le Devon, y trouveront également un vaste choix de *single malts*.

Où acheter du whisky en Grande-Bretagne ?

La plupart des *liquor stores* (débits de vins et spiritueux) proposent une sélection de *single malts*, variable d'un magasin à l'autre et selon l'époque de l'année (l'offre en whiskies de malt est plus importante à Noël qu'en d'autres périodes). La chaîne Oddbins, qui se distingue par la richesse de ses stocks de *single malts*, a en outre une politique d'offres spéciales tout à fait digne d'intérêt.

Certaines distilleries ne produiront plus jamais de whisky de malt – c'est notamment le cas de St. Magdalen, dont le site est aujourd'hui occupé par des logements – et d'autres coûteraient trop cher à remettre en état de marche. Avant qu'elles ne ferment leurs portes, cependant, leurs stocks de whiskies de malt (souvent excellents) ont été mis en tonneaux, pour être lentement commercialisés à l'intention des connaisseurs. Ces mises en bouteille particulières sont mentionnées dans le répertoire, à la rubrique « Raretés ». Il existe en sus des tirages spéciaux, dont certains proviennent d'une seule barrique, de whiskies à un degré de maturation qui d'ordinaire n'est pas disponible : on les trouvera chez des détaillants spécialisés ou par le truchement de clubs d'amateurs. La liste ci-dessous n'a rien d'exhaustif, mais elle donne une indication quant à la localisation de trésors cachés…

Gordon & MacPhail est une affaire familiale fondée en 1895, qui détient en stock une gamme de whiskies extrêmement étendue, dont certains sont commercialisés sous la marque « Connoisseurs Choice ». Nombre des whiskies de cette marque ne sont pas habituellement proposés en tant que *single malts* (il se peut que la production entière de la distillerie concernée soit employée à des assemblages, ou qu'elle n'existe plus). La maison Gordon & MacPhail a récemment redonné vie à la distillerie de Benromach, qui était en sommeil depuis de longues années. Cette firme commercialise aussi une gamme de *vatted malts*, sous le label « Pride of the Regions » (Fierté des régions). À partir de son établissement situé au pied du château d'Édimbourg, Gordon & MacPhail vend des whiskies de malt *cask strength* (dont certains à 57 %) parvenus à des âges que l'on ne trouve nulle part ailleurs, ainsi que des bouteilles plus conventionnelles, à 46 % généralement.

John Milroy (voir p. 253) a récemment créé sa propre compagnie d'embouteillage et de courtage en whisky ; ses produits vont certainement mériter le détour.

The Scotch Malt Whisky Society (voir p. 254), fondée en 1983, propose à ses membres un choix de *malts* directement tirés au fût, beaucoup plus forts que les embouteillages habituels ; comme chaque barrique est différente des autres, la gamme des *malts* ainsi accessibles est d'une ampleur considérable. Cette société d'amateurs, dont le siège est située à Leith (vieux port d'Édimbourg), donne aussi à ses membres la possibilité de déguster les whiskies dans les meilleures conditions qui soient – elle dispose d'une salle de dégustation, et organise des dégustations dans tout le Royaume-Uni. Il existe des « Scotch Malt Whisky Societies » en France, en Suisse, aux Pays-Bas, au Japon et aux États-Unis.

Investir dans le whisky

Actuellement, la possibilité d'investir dans le whisky fait l'objet d'une intense campagne de promotion, de la part de sociétés extérieures au monde du whisky surtout, qui suggèrent de faire là des placements évidemment lucratifs. La réalité est peut-être moins rose. La « Scotch Whisky Association » a publié l'avertissement suivant : « L'industrie [du whisky] ne fonctionne pas d'une manière propice aux investissements. Elle est dépourvue de mécanismes de régulation, et il n'existe pas de bourse ou d'autre organisme dans le cadre desquels négocier. » L'auteur donne donc le conseil suivant : libre à chacun d'acheter un fût de whisky, mais il ne faut le faire que pour le plaisir, sans penser réaliser des profits quand le whisky sera parvenu à maturité. Par ailleurs, il ne faut pas oublier que les taxes s'appliqueront à l'embouteillage, au taux du jour (et non à celui qui était en vigueur au moment de l'achat).

Ventes aux enchères

Christie's met de temps à autre sur pied des ventes aux enchères spécialement consacrées au whisky, en Écosse. Des bouteilles particulières de *single malt* y atteignent parfois des sommes respectables. Ainsi, lors d'une vente réalisée le jeudi 9 mai 1996, une bouteille de The Glenlivet Jubilee Reserve (bouteille n° 506), 25 ans d'âge, 75 , présentée en coffret de bois, s'est vendue l'équivalent de 510 $ (3 000 FF).

Les ventes aux enchères apportent au connaisseur l'occasion d'acheter des *malts* rares, certainement appelés à prendre de la valeur (lentement, toutefois).

Présentations spéciales, bouteilles miniatures...

Pour qui souhaite se constituer une collection de whiskies de malt, il est relativement facile de trouver des mises en bouteille particulières, des présentations spéciales, des conditionnements originaux, des tirages limités, etc. Une telle collection prendra peut-être de la valeur; en ce cas, il importe de ne pas boire le whisky, et de maintenir l'emballage dans un état de propreté irréprochable. Il est très intéressant de collectionner les bouteilles miniatures, car de nombreux *malts* sont embouteillés en tant que souvenirs, et un même whisky peut faire l'objet de multiples présentations.

Adresses utiles

Ce serait une tâche impossible que de fournir des renseignements sur tous les distributeurs et toutes les firmes ayant des liens de tous ordres avec le whisky *single malt*, mais la liste ci-dessous offre une intéressante sélection d'adresses internationales ; elle indique en outre quelques lieux où acheter ou savourer des *single malts* de par le monde.

ALLEMAGNE

Herman Joerss GmbH
Sohnleinstrasse 8
6200 Wiesbaden
Tél. : +49 611 25002
Fax : +49 611 250420

AUSTRALIE

Allied Domecq Spirits
& Wine PTY Ltd.
Suite 704 7th Floor
7 Help Street
Chatswood
New South Wales 2067
Tél. : +612 94117077
Fax : +612 9413 2902

Remy Australie Ltd.
484 Victoria Road
Gladesville
New South Wales 2111
Tél. : +612 9816 5000
Fax : +612 9817 3170

ÉTATS-UNIS

Allied Domecq Spirits
& Wine Limited
300 Town Center
Suite 3200
Southfield
Michigan 48075
Tél. : +1 810 539 3218

Palace Brands Company
450 Columbus Boulevard
PO Box
778 Hartford
CT 06142-0778
Tél. : +1 860 702 4421
Fax : +1 860 702 4489

Remy Amerique
1350 Avenue of the
Americas 7th Floor.
New York, NY 10019
Tél. : +1 212 399 9494
Fax : +1 212 399 2461

United Distillers
6 Landmark Square
Stamford, CT 06901
Tél. : +1 203 359 7100
Fax : +1 203 359 7196

FRANCE

Baron Philippe de Rothschild
France Distribution
64 *bis*, rue La Boétie
75008 Paris
Tél. : 01 44 13 20 20
Fax : 01 42 56 01 01

La Maison du whisky
20, rue d'Anjou
75008 Paris
Tél. : 01 42 65 03 16

Remy Distribution
France
126, rue Jules-Guesde
92300 Levallois-Perret
Tél. : 01 49 68 49 68
Fax : 01 43 70 49 68

JAPON

Berry Bros & Rudd Ltd.
Shinwa Building
6F, 2-4 Nishi Shinjuku
3-chome, Shinjuku-ku
Tōkyō 106
Tél. : non communiqué

Nikka Whisky Distilling
Co., Ltd.
4-31 Minami Aoyanma
5-chome, Minato-ku 105
Tél. : +81 3 3498 0331
Fax : +81 3 3498 2030

Pernod Ricard Japan
K.K. 3rd Floor
Shinagawa NSS Bldg.
13-1 Toranoman

5-chome,
Minato-ku 105
Tél. : +81 3 3359 2266
Fax : +81 3 3359 2224

Remy Japon K.K.
Mori Bldg 13/1
Toranomon 5-chome
Minato-ku, Tōkyō
Tél. : +81 3 5401 6272
Fax : +81 3 3434 8425

Suntory Limited Liquor
Division 1-2-3
Motoakasaka Minato-ku
Tōkyō 107
Tél. : +81 3 3470 1183
Fax : +81 3 3470 1330

United Distillers Ltd.
Sumitomo Gotanda
Bldg.
1-1 Nishi Gotanda
7-chome
Shinagawa-ku 141
Tél. : + 813 3491 3011
Fax : + 813 3492 1830

ROYAUME-UNI

Allied Distillers Ltd.
2 Glasgow Road
Dumbarton
G81 1ND
Tél. : +44 1389 765111
Fax : +44 1389 763874

Ben Nevis
Distillery Ltd.
Lochy Bridge
Fort William
PH33 6TJ
Tél. : +44 1397 702476
Fax : +44 1397 702768

Berry Bros & Rudd Ltd.
3 St. James Street
London SW14 1EG
Tél. : +44 171 396 9666

Burn Stewart
Distillers Plc.
8 Milton Road
College Milton North
East Kilbride
G74 5BU
Tél. : +44 1355 260999
Fax : +44 1355 264355

The Chivas and Glenlivet
Group
The Ark
201 Talgarth Road
London
W6 8BN
Tél. : +44 181 250 1801
Fax : +44 181 250 1722

Glenmorangie Plc
Macdonald House
18 Westerton Road
Broxburn
West Lothian
EH52 5AQ
Tél. : +44 1506 852929
Fax : +44 1506 855055

Gordon & MacPhail
George House
Boroughbriggs Road
Elgin Moray
IV30 1JY
Tél. : +44 1343 545111
Fax : +44 1343 540155

Inver House
Distillers Ltd.
Airdie
Lanarkshire
ML6 8PL
Tél. : +44 1236 769377
Fax : +44 1236 769781

John Milroy
Tél. : +44 171 287 4985

Justerini & Brooks Ltd.
8 Henrietta Place
London W1M 9AG
Tél. : +44 171 518 5400
Fax : +44 171 518 4651

Matthew Gloag
& Sons Ltd.
West Kinfauns
Perth PH2 7XZ
Tél. : +44 1378 440000
Fax : +44 1378 618167

Morrison Bowmore
Distillers Ltd.
Springburn Road
Carlisle Street
Glasgow, G21 1EQ
Tél. : +44 141 558 9011

United Distillers
Distillers House
33 Ellersly Road
Edinburgh EH12 6JW
Tél. : +44 131 337 7373
Fax : +44 131 337 0163

Whyte & Mackay
Dalmore House
310 St. Vincent Street
Glasgow G2 5RG

Tél. : +44 141 248 5771
Fax : +44 141 221 1993

William Grant & Sons
Independence House
84 Lower Mortlake Rd
Richmond, Surrey
TW9 2HS
Tél. : +44 181 332 1188
Fax : +44 181 332 1695

Clubs, sociétés, associations

ÉTATS-UNIS
The Scotch Malt Whisky Society
9838 West Sample Road
Coral Springs
Florida 33065
Tél. : +1 954 752 7990
Fax : +1 954 752 8552

EUROPE
The Scotch Malt Whisky Society B.V.
Vijhuizenberg 103,
PB 1812
4700 BV Roosendaal
Pays-Bas
Tél. : +31 1650 33134
Fax : +31 1650 40067

The Scotch Malt Whisky Society Suisse
Kraan and Richards Imports
Gartenstrasse 99, CH
4052 Basel
Tél. : +41 61 271 5460
Fax : +41 61 272 4123

JAPON
The Scotch Malt Whisky Society Japan
15/32 Nakanocho
2-chome
Mikakojimaku
Ōsaka 534
Tél. : +81 6 351 9145
Fax : +81 6 351 9198

ROYAUME-UNI
The Scotch Whisky Association
17 Half Moon Street
London W1Y 7RB
Tél. : +44 171 629 4384
Fax : +44 171 493 1398

20 Atholl Crescent
Edinburgh EH3 8HF
Tél. : +44 131 229 4383
Fax : +44 131 228 8971

The Scotch Malt Whisky Society
The Vaults
87 Giles Street
Leith
Edinburgh EH6 6BZ
Tél. : +44 131 554 3451
Fax : +44 131 555 6588

Magasins et bars

ÉTATS-UNIS
Keen's Chop House
72 West 36th Street
New York

The Post House
28 East 63rd Street
New York

Tavern on the Green
Central Park at 67th Street
New York

Morrell & Company
535 Madison Avenue
New York

Park Avenue Liquor Shop
292 Madison Avenue
New York

Sam's Wine Warehouse
1720 North Macey Street
Chicago

Sherry-Lehmann
679 Madison Avenue
New York

ROYAUME-UNI
Cadenheads Whisky Shop
172 Canongate
Edinburgh
EH8 5BH

Milroy's of Soho
3 Greek Street
London W1V 6NX